国家林业和草原局普通高等教育"十四五"规划教材
高等院校园林与风景园林专业系列教材

中国乡土文化概论

（附数字资源）

陈小英　主编

内容简介

为了适应乡土文化课程的培养方案和课程质量标准的要求,本教材从提高大学生知识、能力和素养及乡土文化传承发展角度来构建内容体系。全书共分八章,包括绪论、乡土建筑文化、乡土聚居文化、乡土民俗文化、民间信仰、乡土工艺美术、乡土饮食文化、乡土文化时代性发展。本教材图文并茂,展示出乡土人文地理现象、乡土文化表现形式及精神品质,从乡土文化时代发展中,感受乡土文化的当代价值及时尚表达。

本教材适用于高等院校风景园林、城乡规划、旅游管理、环境设计等专业及文化类课程教学,也可供乡土文化爱好者及相关人员学习和参考。

图书在版编目(CIP)数据

中国乡土文化概论 / 陈小英主编. -- 北京:中国林业出版社,2024.12. -- (国家林业和草原局普通高等教育"十四五"规划教材)(高等院校园林与风景园林专业系列教材). -- ISBN 978-7-5219-3015-3

Ⅰ. G12

中国国家版本馆CIP数据核字第2024KN9807号

策划编辑:田 娟 康红梅
责任编辑:田 娟
责任校对:苏 梅
封面设计:北京钧鼎文化传媒有限公司

出版发行:中国林业出版社
  (100009,北京市西城区刘海胡同7号,电话 010-83223120,83143634)
电子邮箱:jiaocaipublic@163.com
网　　址:https://www.cfph.net
印　　刷:北京中科印刷有限公司
版　　次:2024年12月第1版
印　　次:2024年12月第1次印刷
开　　本:850mm×1168mm　1/16
印　　张:9.25
字　　数:207千字
定　　价:56.00元

数字资源

《中国乡土文化概论》编写人员

主　　编　　陈小英

副 主 编　　沈伟棠

编写人员　（按姓氏拼音排序）

　　　　　　白金杰（海南师范大学）

　　　　　　陈小英（福建农林大学）

　　　　　　方　宪（华中农业大学）

　　　　　　赖爱清（福州大学）

　　　　　　陆东芳（福建农林大学）

　　　　　　任　维（福建农林大学）

　　　　　　沈伟棠（福建农林大学）

　　　　　　郑玮锋（福建农林大学）

主　　审　　谢清果（厦门大学）

　　　　　　赵　晶（北京林业大学）

前 言

乡土文化是中华文化的重要组成部分，它承载着中华民族的历史记忆和文化基因，以及世代相传的民族记忆，具有鲜明的地域特色和深厚内涵，蕴含着丰富的生活智慧、情感价值、美学价值和经济价值。

乡土文化的生成，深受地理环境、经济、政治、思想等多方面的影响。中国地域辽阔，历史悠久，民族多元一体，文化底蕴深厚，其中，以农耕为主的文明奠定了中国数千年乡土文化的基石。儒家重视的伦常秩序与教化传统，道家主张的自然简约与随缘顺势等理念，潜移默化地融入乡土社会的各个层面，使得乡土文化与中国文化同向而行，造就了中国乡土文化的独特风貌。

乡土文化的类型丰富多元，既包括具体可感的物质形态，也包括内化于心的意识形态。本教材精选了乡村建筑、乡土聚落、乡土民俗、民间信仰、乡土工艺美术及乡土饮食等数种具代表性的文化类型，对其进行梳理，较为系统地呈现它们的发生发展史、主要类型、特点及价值，并辅以图片和典型案例，便于读者清晰地了解中国乡土文化的相关理论知识。各章小结后附有思考题、推荐阅读书目，为进一步探讨研究乡土文化提供参考。

乡土文化的现状，在全球化与现代化浪潮的冲击下，面临严峻的挑战。许多传统的乡土文化遗产正在逐渐消失，一些重要的乡土文化活动也濒临失传。保护乡土文化，成为当代人守住文化遗产和精神家园的重要使命。本教材编写的目的，不仅在于客观准确地呈现乡土文化的专业知识，感受乡土文化的独特魅力，还在于助力乡土文化的保护与传承，促进地区文化的繁荣发展，增强民族凝聚力和向心力。因此，本教材还特别列举了福建土楼环兴楼，江西篁岭晒秋民俗文化、浙江东浦黄酒文化、武夷茶文化等创造性转化、创新性发展案例，突出了传统乡土文化在新时代的发展，强调了乡土文化对乡村振兴的作用与价值，为积极进行乡土文化创造性转化、创新性发展提供范例。

本教材由陈小英担任主编，沈伟棠担任副主编，全书由陈小英统稿。具体编写分工如下：第1章由沈伟棠编写；第2章由郑玮锋、方宪编写；第3章由任维编写；第4章由陈小英编写；第5章由陈小英、陆东芳、赖爱清编写；第6章由沈伟棠编写；第7章由白金杰编写；第8章由陈小英编写。

本教材的编写团队本着负责的态度，努力提升书稿的质量，尽可能在内容上达到专业与创新并重，在形式上做到图文并茂、文质合一，但中国乡土文化博大精深，编写者学识有限，其中难免错讹与疏漏，还请各位专家与读者见谅并指出。如能推动相关教材和专著的撰写，那将是我们十分乐意看到的，期待更多人加入保护与传承中国乡土文化之列，让它在新时代焕发出新的生机与活力。

编　者
2024 年 4 月

目 录

前 言

第1章 绪 论 (1)
1.1 乡土文化内涵 (1)
  - 1.1.1 中国之"乡土文化" (2)
  - 1.1.2 西方之"乡土文化" (2)
1.2 乡土文化结构层次 (2)
  - 1.2.1 物质层面 (3)
  - 1.2.2 制度层面 (3)
  - 1.2.3 风俗层面 (4)
  - 1.2.4 精神层面 (5)
1.3 乡土文化价值 (5)
  - 1.3.1 情感价值 (6)
  - 1.3.2 美学价值 (6)
  - 1.3.3 历史价值 (6)
  - 1.3.4 经济价值 (7)
1.4 乡土文化生成及其影响 (7)
  - 1.4.1 生成乡土文化的地理环境 (7)
  - 1.4.2 滋养乡土文化的经济因素 (9)
  - 1.4.3 影响乡土文化的政治因素 (10)
  - 1.4.4 乡土文化思想基础 (11)

小 结 (13)

思考题 (14)

推荐阅读书目 (14)

第2章 乡土建筑文化 (15)
2.1 乡土建筑概述 (15)
  - 2.1.1 乡土建筑认定标准 (15)

2.1.2 乡土建筑特征及类型 …………………………………………………（16）
　　2.1.3 乡土建筑语汇边界分布 ……………………………………………（16）
2.2 中国乡土建筑发展历程 …………………………………………………………（17）
　　2.2.1 先秦时期 ………………………………………………………………（17）
　　2.2.2 秦汉时期 ………………………………………………………………（18）
　　2.2.3 魏晋隋唐时期 …………………………………………………………（18）
　　2.2.4 宋辽金时期 ……………………………………………………………（19）
　　2.2.5 明清时期 ………………………………………………………………（19）
2.3 中国乡土建筑代表 ………………………………………………………………（20）
　　2.3.1 徽派建筑 ………………………………………………………………（20）
　　2.3.2 云南白族民居 …………………………………………………………（23）
　　2.3.3 廊桥 ……………………………………………………………………（24）
小　结 …………………………………………………………………………………（26）
思考题 …………………………………………………………………………………（26）
推荐阅读书目 …………………………………………………………………………（26）

第3章 乡土聚居文化 …………………………………………………………………（27）
3.1 传统乡土聚落 ……………………………………………………………………（27）
　　3.1.1 聚落与村镇 ……………………………………………………………（27）
　　3.1.2 聚落的缘起与发展 ……………………………………………………（31）
　　3.1.3 典型乡土聚落的文化表达 ……………………………………………（35）
3.2 社区营造与乡土记忆 ……………………………………………………………（38）
　　3.2.1 社区营造概要 …………………………………………………………（38）
　　3.2.2 社区营造理论与方法 …………………………………………………（40）
　　3.2.3 社区营造与乡土记忆实例 ……………………………………………（42）
3.3 民族聚居文化 ……………………………………………………………………（44）
　　3.3.1 少数民族传统聚落聚居文化 …………………………………………（44）
　　3.3.2 汉族传统聚落聚居文化 ………………………………………………（48）
小　结 …………………………………………………………………………………（52）
思考题 …………………………………………………………………………………（52）
推荐阅读书目 …………………………………………………………………………（52）

第4章 乡土民俗文化 …………………………………………………………………（53）
4.1 乡土民俗概述 ……………………………………………………………………（53）
　　4.1.1 民俗及乡土民俗 ………………………………………………………（53）
　　4.1.2 乡土民俗类型 …………………………………………………………（54）
　　4.1.3 乡土民俗特征 …………………………………………………………（55）

4.2 人生礼仪民俗 ……………………………………………………………… (57)
4.2.1 汉族人生礼仪民俗 …………………………………………………… (57)
4.2.2 少数民族人生礼仪民俗 ……………………………………………… (59)
4.3 乡土节日民俗 ……………………………………………………………… (62)
4.3.1 春节 ………………………………………………………………… (62)
4.3.2 清明节 ……………………………………………………………… (64)
4.3.3 端午节 ……………………………………………………………… (64)
4.3.4 中秋节 ……………………………………………………………… (65)
4.3.5 重阳节 ……………………………………………………………… (65)
小　结 ………………………………………………………………………… (66)
思考题 ………………………………………………………………………… (66)
推荐阅读书目 ………………………………………………………………… (66)

第5章 民间信仰 ………………………………………………………………… (67)
5.1 民间信仰概述 ……………………………………………………………… (67)
5.1.1 信仰与民间信仰 …………………………………………………… (67)
5.1.2 民间信仰特点 ……………………………………………………… (68)
5.1.3 民间信仰实例 ……………………………………………………… (70)
5.2 民间信仰对象及文化内涵 ………………………………………………… (71)
5.2.1 自然 ………………………………………………………………… (71)
5.2.2 祖先 ………………………………………………………………… (75)
5.2.3 功臣圣贤 …………………………………………………………… (76)
5.2.4 人生保护神 ………………………………………………………… (77)
5.3 民间信仰的当代价值 ……………………………………………………… (78)
5.3.1 人文教化 …………………………………………………………… (79)
5.3.2 道德引导与约束 …………………………………………………… (79)
5.3.3 追求美好生活 ……………………………………………………… (79)
5.3.4 文化传承及交流 …………………………………………………… (79)
小　结 ………………………………………………………………………… (80)
思考题 ………………………………………………………………………… (80)
推荐阅读书目 ………………………………………………………………… (80)

第6章 乡土工艺美术 …………………………………………………………… (81)
6.1 乡土工艺美术概述 ………………………………………………………… (81)
6.1.1 乡土工艺美术内涵 ………………………………………………… (81)
6.1.2 乡土工艺美术类型 ………………………………………………… (82)
6.1.3 乡土工艺美术特点 ………………………………………………… (86)

6.2 影响乡土工艺美术的因素 ………………………………………………（88）
　　6.2.1 自然环境 …………………………………………………………（88）
　　6.2.2 社会环境 …………………………………………………………（89）
6.3 乡土工艺美术传承 ………………………………………………………（91）
　　6.3.1 乡土工艺美术传统智慧 …………………………………………（91）
　　6.3.2 乡土工艺美术传承与发展 ………………………………………（92）
　　6.3.3 乡土工艺美术传承经验与策略 …………………………………（93）
　　6.3.4 乡土工艺美术活化 ………………………………………………（94）
小　结 ……………………………………………………………………………（95）
思考题 ……………………………………………………………………………（96）
推荐阅读书目 ……………………………………………………………………（96）

第 7 章　乡土饮食文化 ………………………………………………………（97）

7.1 乡土饮食文化概述 ………………………………………………………（97）
　　7.1.1 饮食文化发展历程 ………………………………………………（97）
　　7.1.2 乡土饮食文化特点 ………………………………………………（103）
7.2 乡土食文化理念 …………………………………………………………（104）
　　7.2.1 养助益充的养生论 ………………………………………………（104）
　　7.2.2 五味调和的境界说 ………………………………………………（106）
　　7.2.3 奇正互变的烹调法 ………………………………………………（108）
7.3 乡土饮文化特色 …………………………………………………………（110）
　　7.3.1 茶酒文化起源与发展 ……………………………………………（110）
　　7.3.2 地域特色与乡土茶文化 …………………………………………（113）
　　7.3.3 人际交往与乡土酒文化 …………………………………………（116）
小　结 ……………………………………………………………………………（117）
思考题 ……………………………………………………………………………（118）
推荐阅读书目 ……………………………………………………………………（118）

第 8 章　乡土文化时代性发展 ………………………………………………（119）

8.1 福建土楼环兴楼 …………………………………………………………（119）
　　8.1.1 环兴楼概况 ………………………………………………………（119）
　　8.1.2 环兴楼创造性改造 ………………………………………………（120）
　　8.1.3 环兴楼创造性转化、创新性发展 ………………………………（122）
8.2 江西篁岭晒秋民俗文化 …………………………………………………（123）
　　8.2.1 晒秋农俗概况 ……………………………………………………（123）
　　8.2.2 晒秋文化创造性转化、创新性发展 ……………………………（124）
8.3 浙江东浦黄酒文化 ………………………………………………………（126）

8.3.1　东浦黄酒文化概况 ……………………………………………（126）
　　8.3.2　东浦黄酒文化创造性转化、创新性发展 ……………………（126）
8.4　武夷茶文化 …………………………………………………………（129）
　　8.4.1　武夷山茶文化资源 ……………………………………………（129）
　　8.4.2　茶文化创造性转化、创新性发展 ……………………………（130）
小　结 ………………………………………………………………………（132）
思考题 ………………………………………………………………………（132）
推荐阅读书目 ………………………………………………………………（132）

参考文献 …………………………………………………………………（133）

第1章 绪论

乡土文化是乡村文明特色的集中体现，也构成乡村独特的精神象征，它受地理环境、经济发展、政治形势与传统思想等诸多因素影响，同时对乡村的发展和变迁产生深远影响。地理环境是乡土文化存在空间，经济发展是其物质基础，政治形势属于外部社会因素，而传统思想则属于内在深层支柱。这些因素共同维系着乡土文化的传承与发展，决定了乡土文化的价值取向和精神风貌，使其永葆强盛的生命力。因此，全面深入了解乡土文化的核心意涵、基本构成、生成因素等方面的知识，可以更好地推动乡村文化振兴，弘扬中华优秀传统文化。

1.1 乡土文化内涵

乡土文化，形成于乡村并代代相传，具有浓厚的地方特色和传统色彩，或隐或显地体现在物质、制度、风俗、精神等多个层面，凝结着人们对于过去、现在和未来的基本态度，是乡村社会的精神支撑和文化基础。

乡土文化与都市文化相对，是人类在乡村空间中创造的文化形态。现代都市文化基于工商业活动，在西方尤为发达；乡土文化则是人们聚居山野之旁，以农耕为主要生活方式的文化形态。

1.1.1　中国之"乡土文化"

"乡",甲骨文古字形象为两个人对食,本义是用酒食款待别人。"乡"有许多引申义。其一为行政区划名,如《旧唐书·食货志》所言"百户为里,五里为乡";其二为处所、地方之义,如《荀子》所言"天地易位,四时易乡";其三是在前两层意义之上,衍生出家乡、出生地之义,如《礼记·儒行》中的"君子之学也博,其服也乡"。

"土"本义为泥土、土壤,见于《易·离》中的"百谷草木丽乎土"。其引申义为土地、国土,如《礼记·大学》所言"有人此有土",《国语·晋语一》所言"今晋国之方,偏侯也,其土又小,大国在侧"。

"乡"与"土"的并联使用,最早出现在战国时期列子所著《列子·天瑞》中,其有言:"有人去乡土,离六亲。"这句话描述了有人离开家乡故土,辞别亲人的情景。显然这里的"乡土"指的是家乡故土。而《辞海》中对"乡土"的解释,也表示某地的本土特色。综合考虑以上两种释义,可以看出"乡土"一词具有地域性的特征。就广义地域角度而言,乡土文化泛指广大农村地区所具有的文明特色。

一般来说,乡土文化源自高度依赖土地的乡村社会,体现了农业文明时代人们独特的精神面貌,蕴含了农村地区的生产生活方式、历史文化传统与地域民族风情。从更广泛的意义上说,也可将乡土文化理解为人们在一个地方长期的生产生活实践中创造、形成与延续的文化。本教材所采之义,是乡土文化的一般意义。

1.1.2　西方之"乡土文化"

在西方,乡土文化(rural culture)与都市文化相对,意为农村地区人们生活方式、艺术、习俗和传统知识的集合。从这点来说,中国和西方乡土文化的外部形态并无二致。但我们应该看到,西方乡土文化所根植的农业文明没有中国这样深厚,其更加凸显地方认同和文化多元性,并不以儒、道和佛思想作为思想基础,而秉承平等、兼容、自由之观念。在他们看来,乡土文化维系着社区认同感和地方特色,能较好地保护和传播、传承社区历史、价值观察和传统知识。而中国古代的乡土文化则与崇尚中心权威的宗法制密不可分。简而言之,西方对乡土文化的理解,与中国人的理解形似而神异,一定要仔细辨识。

在乡土文化的熏陶下,人们形成了独特的观念和精神面貌,这些又进一步塑造了乡村社会的风貌和气质。在中国,乡土文化是中华传统文化的重要组成部分;在西方,保护乡土文化、传承乡土记忆已经成为一种社会共识,人们通过各种方式来弘扬乡土文化,以此来维系社区的凝聚力和向心力。总之,无论在中国还是在西方,乡土文化都是一种宝贵的文化遗产和精神财富。

1.2　乡土文化结构层次

文化结构层次丰富,根据不同分类标准,有物质、精神文化两分法,有物质、制度、精神三分法,有物质、制度、风俗、精神四分法,也有物质、社会关系、精神、艺术、语言符号、风俗习惯六分法。本节采用四分法，其中，乡土文化的物质层面包括乡村聚落、乡村建筑、民间工艺品等；制度层面包括乡约村规、乡村组织等；风俗层面包括民风民俗、民俗表演、传统节日等；精神层面包括宗族文化、民间信仰等。

1.2.1 物质层面

物质文化是指乡土遗存的物质性的文化，包括乡村聚落、乡村建筑、民间工艺品等。这些物质文化都具有代表地方特色的特性，充分反映了地方的精神特色。

（1）乡村聚落

乡村聚落空间结构是在特定的生产力水平下，人类对认识自然和利用自然的活动及这些活动分布的地区所呈现的结果，是乡村社会经济文化发展过程的综合体现。

（2）乡土建筑

乡村聚落的建筑形式作为对乡村生活方式的物质表达，承载了丰富的地域特征、人口结构、生产方式、文化习俗和价值观等重要信息，并体现了物质与精神的融合。乡土建筑具有明显的地域特色，体现了环境、建筑和人的协同关系。

（3）民间工艺品

民间工艺品作为民族文化的承载者，凝聚着独特的价值观念和审美意识，是民族传统文化、民族特色、生活风俗及地理资源的积淀。我国的手工艺品不仅承载着悠久的历史传统，而且蕴含着浓厚的乡土气息，成为一面反映当地人民生活风情、社交礼仪、情感体验的镜子。

由于地理位置和民族差异的存在，我国的手工艺品呈现出极其明显的地方特色和民族风格。如畲族文化，它有着悠久的历史和璀璨的传统文化，在福建地区具有重要地位。畲族人民通过织、绣、挑、染等传统工艺技法，继承和传承中国民间的编织工艺，为工艺品制作增添了独特的风采。其编织工艺是利用简单的织机将不同颜色的经纬线交织，形成各种刺绣图案。而挑花则是通过织物经线和纬线的交错，各种形状连续延伸，形成各种各样的图案。在制作服饰时，畲族妇女并不局限于单一的工艺手法，而是常常在主要工艺手法中穿插运用其他手法，例如，挑花结合刺绣或编织结合刺绣，使得编织的图案丰富多样、色彩绚丽，展现出鲜明的民族艺术风格。畲族编织工艺的独特之处在于它承载着古老的祈福信仰，保留了数千年前原始的"意符文字"（图1-1），这使得畲族编织工艺成为一种珍贵的文化遗产，展示了畲族文化的传承和延续。

1.2.2 制度层面

制度文化是指人们为适应社会发展的需要而主动创制出来的有组织的规范体系，包括乡约村规、乡村组织等。

（1）乡约村规

乡约村规是乡村居民基于一定的地缘和血缘关系，为某种共同目的而设立的生活规

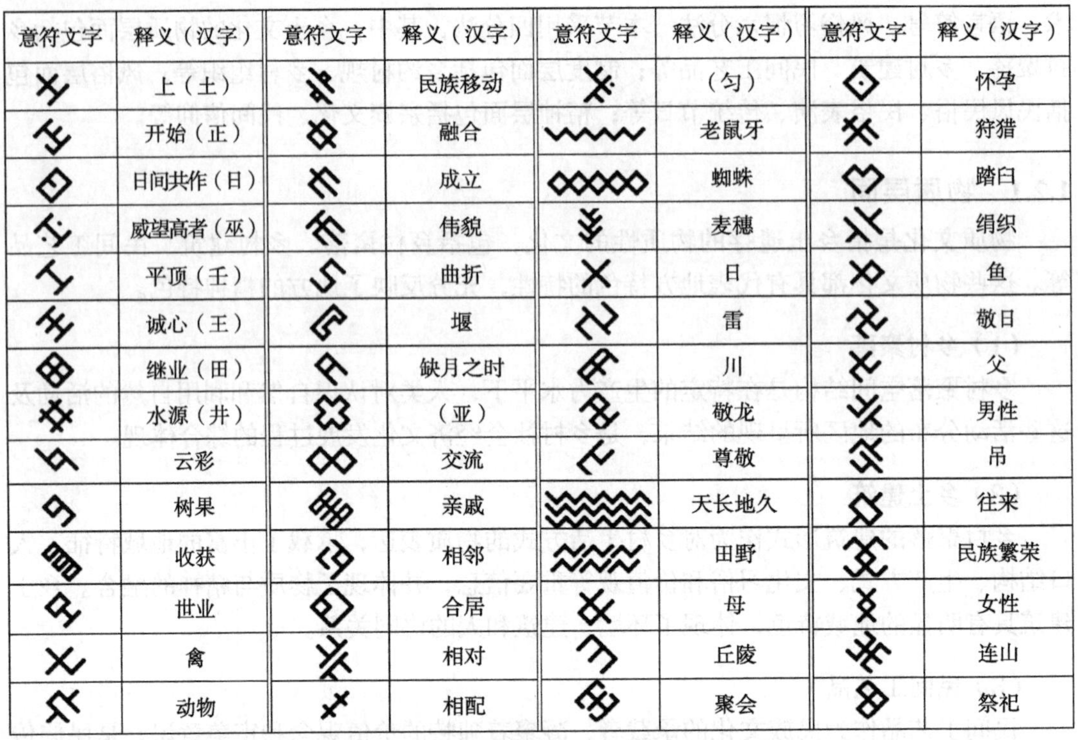

意符文字	释义（汉字）	意符文字	释义（汉字）	意符文字	释义（汉字）	意符文字	释义（汉字）
	上（土）		民族移动		（勺）		怀孕
	开始（正）		融合		老鼠牙		狩猎
	日间共作（日）		成立		蜘蛛		踏白
	威望高者（巫）		伟貌		麦穗		绢织
	平顶（壬）		曲折		日		鱼
	诚心（王）		堰		雷		敬日
	继业（田）		缺月之时		川		父
	水源（井）		（亚）		敬龙		男性
	云彩		交流		尊敬		吊
	树果		亲戚		天长地久		往来
	收获		相邻		田野		民族繁荣
	世业		合居		母		女性
	禽		相对		丘陵		连山
	动物		相配		聚会		祭祀

图 1-1 畲族彩带编织纹饰（施雯，2023）

则及组织。传统的乡约村规在教化乡里、促进乡治、劝善惩恶、御敌防匪等方面发挥了重要作用。

中国的很多乡村具有非常规范的乡村管理机制，大量卓有成效的乡约村规有效地促进和维护了乡村内部的良好风气。福建长乐梅花镇的22条乡约村规涵盖了修身、禁赌、防火御盗、学田产业、租税缴纳、乡族争讼等多个与村民生活密切相关的方面。福建诏安仕渡村仕渡堡《通族会禁》、顺昌县元坑镇谟武村《洇水荫木碑记》、泉州市洛江区虹山乡虹山村水尾树碑文，都对乡村的生态保护做出了明文规定。

（2）乡村组织

由于各地农村经济发展、文化传统和风俗习惯的差异，以及受到城市文明冲击的程度不同，乡村组织在各个乡村的存在情况略有差异。当前我国农村地区的乡村组织包括政治性组织、经济性组织、社区服务性组织、文化组织、娱乐组织等。其中，具有代表性的是宗教组织、农民自发维权组织及新型合作经济组织这几种类型。

1.2.3 风俗层面

风俗习惯是人们在一定的自然与社会环境中，经年累月形成的生活方式。它具体表现在各民族的生产、居住、饮食、娱乐、节庆等方面，在不同程度上反映了当地居民的历史传统、心理情感等。

（1）民风民俗

民风民俗反映了人们对生活、社交、礼仪和价值观的共同认同和遵守，它们涵盖了，如节日庆典、婚嫁礼仪、信俗仪式、日常习惯等各个方面。不同地区的民风民俗展现了独特的文化特色，反映了当地人民的生活方式、思维方式和传统价值观。保护和传承民风民俗对于维护文化多样性、促进社会和谐发展具有重要意义。通过传承和弘扬民风民俗，能够更好地了解和尊重各地区的文化差异，促进文化交流与理解，丰富文化体验和认知。

（2）民俗表演

民俗表演是指在特定的社会和文化背景下，人们通过舞蹈、音乐、戏剧、仪式等艺术形式来展示、表达和传承民间传统的一种文化表演形式。民俗表演也是民俗文化的一部分，它通过身体动作、声音、道具和服饰等元素的组合，以一种具有象征意义和仪式性的方式，呈现出乡村的历史、价值观、宗教信仰和集体记忆。

1.2.4 精神层面

精神文化是指人们在从事物质文化过程中产生的各种意识形态的集合。这里主要介绍宗族文化、民间信仰。

（1）宗族文化

宗族文化曾在古代乡村地区发挥着重大作用。进入现代社会以来，我国很多地方的宗族观念开始淡化，但在南方一些乡村，宗族文化得到了较为完整的保护，依然具有深厚的群众基础。

广东宗族文化观念的产生，源自入粤初期恶劣的生存条件与弱肉强食的社会特征，再经过儒家"数典不敢忘祖"的熏陶，宗族观念深入人心。因此，至今仍然完整地保留着家庙、祠堂、族谱、以姓冠村名、辈分命名等宗族文化的表现形式。宗族观念让许多远离故土的广东人怀揣着深厚的思乡情结，在他们有所成就之后为家乡建设贡献出自己的一份力量，如捐建宗祠家庙、修路架桥、修建学校及筹办庙会等。

（2）民间信仰

在中国广大的乡村，修建寺庙、传统节日求神拜佛的现象十分常见。这些活动将族人聚集起来，强化了村民的组织化程度，增强了村民的凝聚力。

以福建省为例，福建地区的民间信仰源远流长，宫庙林立，是当代中国民间信仰最活跃的地区之一。比较常见的有闽越人的蛇崇拜、各行各业的祖师崇拜、莆田等地区的妈祖信仰、"临水夫人"陈靖姑信仰、海峡两岸香火兴旺的保生大帝，以及三平祖师和清水祖师等俗神。

1.3 乡土文化价值

乡土文化是在乡村特定地域环境中形成的一种共性文化积淀，其内容和形式反映了特定时期的民族传统文化特征，价值主要体现在情感、美学、历史、经济四方面。

1.3.1 情感价值

乡土文化，作为一种共同的文化遗产和身份认同的载体，在特定的乡村社区中对个体和社会具有重要的凝聚共识的作用。它在个体层面上提供了身份认同的依据和情感纽带，使个体能够与特定的地域、社区和群体建立起深厚的情感联系。

首先，乡土文化作为一个代代相传的文化传统，承载了乡村社会的历史记忆和文化积淀。通过传统节日、习俗、语言、音乐、舞蹈等形式的传承，乡土文化使乡村社区能够与过去的历史和传统文化产生联系，并将其传承给后代，实现历史的延续和文化的传承。其次，乡土文化作为一种共同的文化符号和意义系统，能够在乡村社会内部形成共同体认识和凝聚社会力量。通过共同参与乡土文化的活动，乡村居民能够形成互助合作的关系并建立紧密的社会联系，从而形成共同体的意识和认同，促进社会和谐与稳定。最后，乡土文化反映了特定乡村社会的地方特色和独特的文化表达方式。每个乡村社会都有其独特的自然环境、历史背景、民俗习惯等，这些因素赋予了乡土文化以独特的地域特色和文化多样性。

1.3.2 美学价值

乡土文化具有其独特的美学价值，能够通过艺术表达传递独特的审美体验，引发观者的情感共鸣和美感享受，提升人们的生活质量和审美体验。

乡土文化源自特定地域的生活方式和传统经验，通过音乐、舞蹈、戏剧、绘画、手工艺等艺术形式展现地方的美学特色。这些艺术表达体现了地方的自然风光、人文景观，以及人们对于美的感知和追求，具有浓郁的地域特色和民族风情。乡土音乐和舞蹈以自然元素为灵感，通过旋律、节奏和舞步的协调来传达对大自然的敬畏和赞美；乡土绘画、手工艺和传统建筑体现了人们对于美的独特理解和创造力，以及对生活细节和日常事务的审美关注。

1.3.3 历史价值

乡土文化作为乡村地区独有的文化形态，承载着世代相传的历史记忆和文化根脉。乡土文化通过传统习俗、民间艺术、口头传统表达、节日庆典等，将人们与先辈们的智慧和经验相连接，延续着乡村社会的历史和文化传统。这种传承使人们能够感受到自身与乡村土地的深厚联系，增强人们对自身传统文化的认知。

乡土文化是人类文化宝库中的重要组成部分。它赋予了人们自由发挥的空间，鼓励他们创作出独具特色的手工艺品、音乐、舞蹈和文学作品。这种创造力和艺术表达不仅丰富了乡土文化的内涵，也为人们提供了艺术欣赏和创作的机会。

每个地域和社区，每个历史时期都有语言、习俗、传统技艺、音乐、舞蹈等方面的乡土文化信息，这种多元化的信息记录了人类文化的面貌，并为跨地域和跨文化的交流提供了丰富的资源。同时，乡村地区的人们通过各种民间艺术形式、手工艺制作和传统技艺，展示着某地人民某时独特的审美和创造力。

1.3.4 经济价值

乡土文化作为一种独特的传统文化，不仅具有深厚的人文价值，还蕴含着巨大的经济价值。乡土文化可以成为乡村旅游的重要资源、文化创意产业的重要素材，以及为农产品的推广提供差异化竞争优势，并带动乡村振兴战略的实施。

通过开展乡土文化旅游，可以促进当地旅游业的发展，带动相关产业的繁荣，还可以通过乡土文化与农产品的结合，为农产品赋予独特的文化内涵和品牌价值。同时，乡土文化地域特色为文化创意产业提供了丰富的创作资源。艺术品、手工艺品、文化衍生品等以乡土文化为主题的创意产品能够满足人们对于独特文化产品的需求，形成具有经济价值的产品市场，从而促进农村经济发展和社会进步，实现乡土文化传承与经济发展的良性互动。

1.4 乡土文化生成及其影响

乡土文化的生成深受地理环境、经济、政治、思想等多方面因素的影响。其中，地理环境作为乡土文化形成的物质基础，为当地居民提供了生存的环境和条件。经济因素则直接关系到乡土文化的兴衰，经济的繁荣往往能够带动乡土文化的兴盛，而经济的萧条则可能导致乡土文化的衰微。政治因素在乡土文化的形成中起到了重要的引导和规范作用，不同时期的政治环境，会从不同程度上影响着乡土文化内涵及其表现形式。政治的稳定与变革，往往成为乡土文化演变的重要驱动。思想不仅塑造了乡土文化的核心价值观念，还影响了其艺术表达形式和社会组织方式。

1.4.1 生成乡土文化的地理环境

地理环境是人类赖以生存和发展的基础，是乡土文化形成的必要条件。第一，地理环境为乡土文化的形成提供了广大的空间支持，使其物质文明和精神文明的传承与发展有所依托；第二，规模宏大的地理障碍将国土空间划分为众多小尺度空间，为乡土文化地域性特征的形成奠定了基础；第三，随着地理环境的变化，继而改变了当地村社居民的生产生活方式，最终影响了乡土文化的形成。

1.4.1.1 地理环境

（1）地形地势

任何一种文化形态的形成必然有相对应的地理空间，中国是一个疆域辽阔的国家，东西、南北跨度大。山脉多呈东西和东北-西南走向，形成西高东低的总体趋势；阶梯状分布的特点，使我国大多数河流为自西向东走向。人类活动悄然萌芽，乡土文化随即在中国这广阔的地域范围内星罗棋布、自由勃发。

我国地形丰富多样，山川河流纵横交错，规模宏大的地理障碍将国土划分为众多小尺度空间,在不同地理环境条件的共同孕育下,为人类提供了多元的居住场所;由于地形地势在不同程度上限制着人类活动,在一定范围内逐渐形成了乡土文化地域性的特点。例如,隐藏在新疆吐鲁番盆地火焰山中的神秘小村落——吐峪沟扎麻村,由于人们难以逾越高大峻耸的山脉,人居活动集中于庞大山体的东南角,村落民居紧挨着西北部山脉修筑,人与自然共同孕育的乡土文化也是依附于山脚并朝着东南方向不断绵延伸展。

(2) 环境变迁

乡土文化的形成是人与自然共同作用的结果,在双方相互协调与发展的过程中,自然地理要素的运动和人类活动的影响激发了生态系统内部的自我调控作用,从而导致地形地势的显著变化。湖泊的发育与消亡、水系走向的变化、海陆位置的变迁,甚至沙漠面积的收缩与扩张等地理环境的巨变,都反过来限制着人类的活动范围,依托于广袤大地逐渐形成的乡土文化也随着环境条件的变化不断演进。

从历史的角度来看,乡土文化并非一成不变的,而是随环境变迁而变化的。例如,陕西榆林的毛乌素沙漠,据考证,古时候这片地区水草肥美、风光宜人,先秦时期就曾大力发展过农业,后被当作游牧区。人类对这片土地的不合理开垦,再加上气候变迁和无休止的战乱,致使地面植被丧失殆尽,约自唐代开始有积沙,至明清时期已形成莽荒大漠,人烟稀少。后来在政府的引导下开始大力兴建防风林带、搭建"草方格",一代又一代劳动人民坚持治沙,一步步"人进沙退",最终铸就生态宜居、产业多样化的"绿色榆林"。

1.4.1.2 气候与季节

我国幅员辽阔,跨经纬度较广,地势自西向东高差大,地形类型及山脉走向多样,因而气候类型丰富,气温降水组合多样。我国中东部地区处于东亚季风区域内,雨量的季节变化异常极端,又因雨热同期,极易导致水旱灾害,气候与季节的变化所产生的复杂状况,一定程度上决定了人类的生产生活方式。如夏季高温多雨,水热配合得当,有利于北方地区种植棉花、玉米等喜温作物。以"鱼米"文化为例,"鱼米之乡"本义为盛产鱼和稻米的地方,通常是指长江中下游平原和珠江三角洲。我国东南部受季风影响,夏季高温多雨,冬季温和少雨,无霜期长,因而形成了一年两熟或三熟的农业特点,具备稻米生长的良好水热条件;同时该区域拥有丰富的河流、湖泊等资源,为淡水鱼提供了生存与繁衍的场所。在气候和季节的影响下,使当地居民围绕得天独厚的自然条件进行农业生产活动,从而造就了长江中下游平原和珠江三角洲平原以稻作农业和淡水渔业为主的生产生活方式。由此可见,乡土文化对自然条件具有依赖性。

1.4.1.3 水文条件

我国境内水资源类型丰富多样,主要包括海洋资源和淡水资源。这些水资源在水源供应、农业灌溉和水产养殖等方面起到重要作用。人类的生存离不开淡水资源,长江、黄河、珠江等大型江河孕育和贯穿了多元文明，促进其沿岸文化的整体性，为星星点点的乡土文化奠定了"大河文明"的基调。局部乡土社区对水资源的管理和利用影响着当地居民的生产生活方式，从而决定更小范围乡土空间的文明色彩和文化核心。例如，我国南方的桑基鱼塘，由于地势低洼，河水泛滥，常年闹洪涝灾害，严重威胁人类的生产生活。智慧的劳动人民因地制宜掘低地为塘以饲养淡水鱼，将挖掘出来的泥土堆砌在鱼塘四周形成塘基，同时减轻水患，可谓一举两得。久而久之，"塘基上种桑、桑叶喂蚕、蚕沙养鱼、鱼粪肥塘、塘泥壅桑"的桑基鱼塘生态模式延续了下来。位于浙江省湖州市南浔区的湖州桑基鱼塘系统，是中国传统桑基鱼塘系统最集中、最大、保留最完整的区域，桑基鱼塘成了湖州的标志。通过水资源的管理与利用，使一定区域范围内的乡土社区得以长期定居生产，同时产生了一系列以桑基鱼塘为核心且具有很高文化价值的乡土艺术（包括蚕花戏、蚕桑丝织技艺、千金剪纸等），丰富了乡土文化的内容。

1.4.1.4 资源的丰富度与稀缺度

我国早期文明，由于生产力水平低下，资源获取困难，在推进人类群聚而居的同时，对乡土文化尤其是精神文明的发展造成了一定的影响。丰富的资源供给使范围内的居民能够自给自足而略有富余，使其在物质层面的需求得以满足后，开始追求精神层面的享受，逐渐形成了大度友善、乐于助人的性格，孕育了包容性较强的生产生活方式和丰富多样的文化内容。相反，资源的稀缺会引发一系列竞争或合作行为，人与社会、与自然之间的磨合导致人类在艰苦恶劣的环境中练就了不屈不挠、坚韧不拔的精神品质。以窑洞为例，劳动人民根据黄土高原干燥少雨、冬季寒冷、木材资源稀缺等自然状况创造了冬暖夏凉、经济美观、无须木材的建筑形式。窑洞是黄土高原的产物，是自然图景和生活图景的有机结合，反映了陕北人民乐观、坚忍、顽强的精神品质。因此，资源的丰富度与稀缺度直接影响了乡土文化独特的社会组织和群体价值观念，促进与当地的自然风貌相融合，并以文化产品为主要表现形式，最终反映了历久弥新的乡土精神文明。

1.4.2 滋养乡土文化的经济因素

中国以其得天独厚的自然地理环境孕育了以农耕为主体的经济形态，因此，农业是成就中国数千年乡土文化的基石。黄河流域是中华文明的发源地，早在四五千年前的仰韶文化和龙山文化，就已经展现了先祖由渔猎文明向农耕文明过渡的历史风貌，中华农耕文明开始形成。

乡土文化由"乡""土""人"三个要素构成，其中的"土"即土地，是农耕社会最基本和最重要的生产资料，是乡土文化的经济基础。农民依靠耕作、种植和养殖等农业活动，以"土里刨食"的方式维持家庭的生计和存续，这是他们最根本甚至唯一的生产方式。人们将农业生产与家庭生活紧密结合，形成了一种独特的农村经济形态——小农经济（图1-2）。

图 1-2　耕织图（部分）（陈枚　绘）

自然经济在我国已有两千多年的历史，东周后的土地私有化进程，打破了以往集体生产的传统，转而向以家庭为单位的个体生产过渡。在秦代商鞅变法的政策下，一种维护国家稳定、保障中央集权的自然经济应运而生。这种男耕女织、自给自足的经济体制逐渐在我国占据主导地位，不同于游牧文明以追逐水草而居，商业文明以追逐利益而进行的开拓和冒险，农耕文明的关键要素——土地，是不可移动的，除非受到战争、饥荒和其他外部权力的威胁与强制剥夺，否则一个家庭或部族将定居于此，繁衍生息，逐渐生成特有的乡土文化。

这种生产方式使农民与土地之间存在着深刻的联系。农民将土地视为生活的根基和未来的保障。通过辛勤劳作，在维持生产生活的同时也传承着对土地的敬畏与感恩之情。农民与土地之间的利益关联、情感依恋、价值认同，以及土地本身所具有的恒久不动的特性，共同熔铸于乡土文化中，并逐渐形成了"生于斯、死于斯"的意识，使乡土文化深深植根于农耕文明下的自然经济，具有很强的稳定性与持久性。时至今日，乡土在人们心中依旧具有一定的吸引力，人们仍饱含着在利益和情感上对土地的依赖。

1.4.3　影响乡土文化的政治因素

政治因素在乡土文化的形成与发展中发挥着举足轻重的作用。国家统一促进了乡土文化向心性的形成，而社会秩序的稳定则为乡土文化的传承与创新提供了良好的社会环境。

1.4.3.1　国家统一与乡土文化向心性的形成

中华民族是在广袤的东亚大陆中发展起来的。在文明初始阶段，受制于当时落后的生产能力和技术条件，先民很难应对充满危险的生存环境，而必须依靠族群力量，渐渐地形成了较小规模的活动范围与生产方式，以及以血缘关系组成的社会结构。其中最为典型的是宗法制。

宗法制由氏族社会的父家长制演变而来,是按血缘关系分配国家权力以维护贵族世袭统治的制度。其中,嫡长子继承制、分封制及宗庙祭祀制度都是宗法制的重要内容,宗法制的影响深远,最主要的表现是家国同构。统治者们深知族权能带来政权无法企及的统治效果,因此,国家政权总是掌握在同姓家族手中,下达每个村镇的管理,组织结构与权力分配都是严格的父家长制。这种自上而下强调秩序和血统的制度,使我国形成以"政权+族权""地缘+血缘"为基础的稳固社会结构模式,以及聚族而居、聚姓而居的习惯,乡土文化也因此拥有无法抗拒的凝聚力和向心性。宗法制及其核心嫡长子继承制是维系家族连绵数千年而不绝迹的强有力的工具,其影响之深远表现为当今乡土社会中仍存在着类似家谱、宗祠和族规等文化形式。

随着秦统一六国后中央集权的不断加强,不同于欧洲以教会主导的君主专制,中国统治者凭借武力控制宗教势力,一开始就形成了一个权力中心的统治模式,而改朝换代的本质无非是通过武力手段以新专制取代旧专制的过程。君主将国土视作私有财产,忌惮任何可能撼动统治地位的新兴力量,因而一直致力于对农业经济命脉的管控并打击抑制工商业这股能够推动历史进步的强劲力量,以巩固君主专制统治,在发展的过程中逐步稳固其经济基础,即土地国有和自给自足的自然经济,什伍组织、连坐法、均田制等针对人口控制、土地管理的国家法令条例的设置,极大地促进了农业的发展,一个权力中心使乡土文化具有统一性,乃至在未来的发展中具有整体的中国特色。

1.4.3.2　社会秩序与乡土文化的融合

在政权更替和改朝换代的过程中,中国王朝的盛衰交替、稳定与战乱周而复始。在社会安定、民族融合之时,更能滋养乡土文化的发展与传承;当社会动荡、战乱频仍时,各民族聚落又被冲散至各个角落,虽然在文化的整体性上受到了冲击,但不同区域文化的碰撞促进了各乡土文化之间的交流与融合。一方面,因政权变更所引起的社会动荡常伴随着人口迁徙、文化冲突、社会秩序混乱等问题,这些情况都会对传统乡土文化造成一定程度的破坏和削弱,可能导致乡土文化的瓦解和丧失;另一方面,人们可能会在社会动荡时更加意识到传统文化的价值,处于长期战乱和居无定所的求生避难状态中,对乡土产生更为浓厚的怀念与渴望,进而对传统文化进行重新发掘和保护传承,因此,社会动荡也可能促进乡土文化的崛起和转型,通过接触和融合新的物质条件、意识形态,从而产生新的乡土文化。

1.4.4　乡土文化思想基础

虽然不同地区、不同时期的乡土文化差异大,表现形式五花八门,但从本质上来说,它与其所寄身的母体——中华传统文化息息相关,在深层思想基础上是一致的。

从历史发展的视角来看,春秋以前所强调的伦常秩序、注重血亲、礼乐制度,为后世儒家所继承。春秋战国时期,"礼崩乐坏",周天子权威尽失,出现了诸侯争霸的局面，激烈的兼并战争打破了学术单一、孤立的格局，促进了各学派之间的相互交流与渗透，从而提供了文化重组的机会。直至秦汉时期终于迎来大规模的思想文化一统。魏晋南北朝时期的分裂格局又促进了文化的多元融合，政权更替和社会动荡在不同程度上致使思想主流变化，在思想统一与多元融合中不断交替。在与周边国家友好交流与合作的过程中，又吸纳了外域的思想文化。总体而言，乡土文化与作为整体的中华文化同向而行。在发展过程中，它从母体文化中汲取原始思想，以及儒家、道家、佛家思想精髓，同时与其他文化相互碰撞、融合，最终形成自己独特的思想风貌。

1.4.4.1 儒家伦理与乡村治理

孔子开创的儒家学派，是中国古代的主流意识形态，其重血亲人伦、实践理性和道德修养，乡土文化深受其影响。

儒家传统的乡村治理就是以人伦道德、礼治法治为基本内容的社会教化，通过社会教化维护乡村的道德人心、社会秩序。中华优秀传统文化是中华民族的"根"与"魂"，其中蕴含的基层治理传统，尤其是儒家的教化传统和乡村治理经验，在当今的乡村振兴战略中仍然具有重要的现实意义。儒家社会治理的核心在于德治，儒家首先强调道德约束。当今的乡村治理是对传统治理观的传承和创新发展，乡村治理体系的完善需要强调自治建设的核心地位，将自治、法治和德治相互融合，形成"三治合一"的理念，最终达到善治的目的。当然，善治需要广纳乡贤，当今的乡村英才肩负着实现农村基层治理现代化、消除贫困、改善民生、逐步实现共同富裕的重要任务，也是构建"产业兴旺、生态宜居、乡风文明、治理有效"多元化农村基层治理模式的关键所在。为了适应时代发展的需要，可以通过乡村英才的优秀案例来进行道德教育，充分发扬优秀乡土文化，提高村民的品格修养，改善乡村风气，促进乡土社会的和谐发展。

1.4.4.2 道家美学与乡土环境

中华民族有重现实、重现世的儒家面貌，也有崇尚自然、顺天而为的道家风韵。与此相对应，乡土文化也带有这些特点。乡土文化与道家美学在追求自然与人的和谐、简约朴素、随缘顺势，以及赞美自然美与生命美等方面存在着相通之处。它们共同强调人与自然的密切联系，体现了对自然、生命和人性的共同理解与追求。

道家美学认为人应该顺应自然的规律生活。乡土环境通常与自然紧密相连，农民在乡村环境中与自然互动，依靠自然种植作物、养殖动物，体验四季更替、日出日落等自然变化。在这样的环境中，人们更容易体会到自然与人的和谐关系，尊重自然、保护自然，实现人与自然和谐共生。道家美学倡导简约朴素的生活方式和审美情趣，强调去繁归真、追求内心的平静与宁静。而乡土环境中的生活方式往往也以简约朴素为特点，农民生活在简易的房屋里，以实用性为主的生活用具，注重物质与精神的平衡。这种朴素的生活方式与道家美学的追求相契合，使得人们更容易体验到内心的宁静与满足。

道家美学主张"自然至美"，认为人的审美应该建立在对自然的理解和尊重之上，在乡土环境中，道家美学启示人们保护自然环境和维持生态平衡；同时强调自然美与人文美的统一，在乡土环境中要遵循自然规律，维系乡土元素与人之间的和谐共生。道家所追求的"无为而治"对乡土环境的治理有所启示，"无为而治"并非不作为，而是尊重当地的文化传统和自然环境，以尽可能少的干预来保护和改善乡村环境，与本地乡土文化更具适配性。

1.4.4.3 佛学思想与乡土文化

唐宋以后，中国汉传佛教度过了其辉煌的学理高峰，日渐民间化、世俗化，学界往往称为佛教的衰微。但从另一个角度探讨，佛学思想却在民间大放异彩，信众将佛教纳入丰富的民间生活，开创了独具民间特色的信仰形态。佛学对于中国的茶道、花道、绘画、建筑、语言文化、精神慰藉的影响甚广，佛教正是在与其他文化的多元融合中逐渐成长，最终与儒、道一同构成了丰富的中国文化。

古人讲究"敬天保民"，对天地万物保持敬畏之情，对大自然讲究适度索取，不竭泽而渔，斧斤以时入山林，与佛学思想不谋而合。佛学思想强调善良和同情心，这和乡土文化中强调的亲情、邻里之间的互助与和谐共处相契合。在乡村地区，人们常常以善待他人、帮助他人为荣，体现了佛学中慈悲为怀的精神。此外，佛学强调修行和内心的修正，倡导对生命、自然和宇宙的敬畏。在乡土文化中，人们也常常通过信仰、祭祀、礼仪等方式来表达对神灵和自然的敬畏之情，同时，通过修行和心灵修正来追求心灵的平静与升华。

在佛学中，世间万物的生与灭皆为因缘条件所决定，一切事物和现象都处于因果联系中，并且众生平等。在传统乡土文化中，人与自然万物相互依存。自然界为人类提供了赖以生存的生产生活资料，而人类在利用自然的同时，需要维护自然的生态平衡。在乡村发展的过程中，需妥善地协调人与自然之间的关系，将生态保护视作关乎全人类命运的伟大事业，增强村社成员的整体意识，以"天地同根，万物一体，法界同融"的思想看待一切生命体，从而建立起人与自然相互依存、和谐稳定的可持续发展的环境。

小 结

本章全面阐述了乡土文化的基本概念及分类，并从地理环境、经济发展、政治背景、思想基础等方面分析了乡土文化的生成及其影响。通过本章的学习，可以系统地了解乡土文化的整体性知识框架，为后续的学习奠定坚实的基础。

思考题

1. 乡土文化可分为哪几种类型?
2. 乡土文化的形成与哪些影响因素有关?
3. 如何理解乡土文化与儒、道、佛思想的关系?

推荐阅读书目

1. 乡土中国. 费孝通. 上海人民出版社,2006.
2. 中国文化概论. 张岱年. 北京师范大学出版社,2004.

第 2 章 乡土建筑文化

乡土建筑是中国传统文化的重要组成部分，体现了人们对家园的热爱和对自然环境的尊重，也是中国农村社会发展和历史文化传承的重要载体。中国乡土建筑通常具有浓厚的传统文化风格，如斗拱、飞檐、灰塑、鸱尾等，这些反映了中国古代建筑的特色。我国地域广阔，气候多样，乡土建筑在不同地区呈现出不同的特点。

2.1 乡土建筑概述

乡土建筑地域性强，包含的类型很广，不同国家（地区）对乡土建筑的理解也不相同。为了便于交流，本教材采用国际古迹遗址理事会的认定标准。

2.1.1 乡土建筑认定标准

国际古迹遗址理事会第12届全体大会通过的《关于乡土建筑遗产的宪章》，提出了乡土建筑的认定标准：

①社区共有的一种建造方式；
②一种与环境相适应的、可识别的本地或区域特征；
③风格、形式和外观的一致，或者使用传统的建筑形制；
④以非正式的方式传承下来的设计与施工的传统技能；

⑤一种对功能的、社会的和环境的制约的有效回应；

⑥一种对传统建造体系和工艺的有效运用。

按照该认定标准，与环境相适应和有效回应有本地或区域特征的建筑皆为乡土建筑，中国各地的传统民居均属于乡土建筑范畴。该认定标准强调了对环境因素的适应和有效回应，这也成为乡土建筑与地域性建筑的主要区别。

此外，乡土建筑与现代工程材料、工程技术有效融合，又派生了新乡土建筑。现代主义建筑与后现代主义建筑中与文脉相关的理念及建筑风格语汇，也或多或少脱胎于地域性建筑或乡土建筑。

2.1.2 乡土建筑特征及类型

乡土建筑具有明显的地域差别，它扎根于特定的地域，受不同地理环境的影响，表现出对不同自然条件的适应和有效回应。英国学者保罗·奥立佛在《世界乡土建筑百科全书》中指出了乡土建筑的特征：本土的、匿名的（即无名的）、自发的、民间的、传统的等。

乡土建筑识别和分类方式多种多样，常见的是根据使用功能来划分，有居住建筑、文教建筑、崇祀建筑、交通建筑等，每种建筑都是一个系统。

居住建筑又称民居，包含住宅及由其延伸的居住环境。传统民居包括四合院、土楼、围屋、庄寨、窑洞、大厝等。

文教建筑即文化教育类建筑，包括家塾、义塾、私塾、书院、文馆、文庙、文昌（奎星）阁、进士牌楼等。

崇祀建筑作为乡土中不可缺少的建筑形式，在满足人们精神需求的同时，也参与了村落空间形态的塑造，包括庙宇、道观、宗祠、支祠、祖堂、专祠、牌坊等。

交通建筑是人们与外界进行沟通、交流的桥梁，它对乡村的发展起着重要的作用，丰富了乡村景观。在乡土建筑中，桥梁、埠口是主要的交通建筑，根据建筑材料及功能的不同又可将其分为石桥、木桥、亭桥、廊桥等。

这些建筑系统在乡土聚落中形成一个有机的大系统，这个大系统规定着聚落的结构，使它成为功能完备的整体，满足一定社会历史条件下乡民们物质的、文化的和精神的需求，以及社会的制度性需求。

我国幅员辽阔，各地传统村落不同，乡土建筑更是千变万化、十分复杂。不同村落反映出各地不同的文化传统和环境特色。住宅、寺庙、祠堂、书院、戏台、作坊、牌坊、亭桥等乡土建筑都与几千年来各地的乡土生活密切相关。

2.1.3 乡土建筑语汇边界分布

乡土建筑具有可识别的本地或区域特征，因此，对其建筑语汇边界分布的识别和分类，往往成为区分界定乡土建筑风格与流派的重要手段。

以中国传统民居建筑为例，主要有以下5种识别和分类的界定方式：

①按行政区划进行界定　如浙江民居、安徽民居、福建民居等；

②按自然地理进行界定　如岭南民居、山地民居、黄河中下游民居等；
③按营造材料和技术进行界定　如石库门住宅、土楼、木柯楞等；
④按建筑形制和空间布局进行界定　如围龙屋、四合院、窑洞、庄寨等；
⑤按民族、民系进行界定　如瑶族民居、白族民居、客家民居等。

上述不论哪种识别和分类的界定方式，都是试图以一种简单的方式来辨识各种复杂的民居建筑，具有清晰、易懂的特点，但对于处在一个复杂系统的民居建筑而言，这些界定方式又不够准确，而且可能会形成认知上的片面性和绝对化。以按行政区划进行界定方式为例，虽然简单明了，但由于行政区划是一个清晰明确的边界，而复杂事物的分类边界往往是模糊的，民居建筑就属于一种复杂事物。而且行政区划会随时间的推进而发生变化，这就容易导致认识的偏差。例如，安徽民居与徽州民居，同是行政区划的界定方式，但其所指代的范围大相径庭，这就会造成认识上的错位。

中国现存传统民居多为明清时期建造，如果采用行政区划的界定方式，以古代的行政区划来界定则更为贴切，原因是古代行政区划往往是以难以逾越的地理边界（如山脉、河流等）来规划，而地方建筑的营造方式也会因地理边界的难以逾越而在边界范围内形成自身相对封闭的地域性特点，在这种情况下，用行政区划的方式来界定民居建筑就比较合适。如徽州民居，特指古代徽州府行政区划所辖一府六县范围内的居住建筑形式，比安徽民居（现代行政区划）更能准确界定传统徽派建筑的分布范围。

传统民居建筑的类型特点在较大程度上受到地理边界制约，传统的行政边界能更准确地界定传统民居建筑的类型。

2.2　中国乡土建筑发展历程

中国乡土建筑的诞生几乎与中国这片广袤土地上的原始人类同时出现，其形成和发展具有悠久的历史，不同时代风貌各异。

2.2.1　先秦时期

先秦时期，即秦朝之前各历史时期的统称（旧石器时代至公元前221年）。旧石器时代出现最早的居住形式——天然穴居或巢居。在穴居方面，古代遗址洞穴的共同特点是没有人工改造的明显痕迹；就自然条件而言，在气候湿热的山林或水网地带，最宜先民巢居的发展。新石器时代的民居建筑，大致可划分为穴居、半穴居、地面建筑和干栏式建筑几种类型。

原始聚落中的建筑，数量最多的自然是供人们日常起居的居住建筑，还有贮藏粮食的窖穴、畜圈，提供水源的水井，用于交通往来的道路、桥梁和聚会庆娱的广场，为防御外敌和野兽的壕沟、栅栏、围墙等。后来出现的是为公共活动而设的"大房子"、制作工具的作坊、制陶的窑场，以及进行祭祀活动的室内场所或坛、台。其规模不断扩大，形制更趋完善，为后来出现的各类城市奠定不可缺少的经验和基础。

夏代多为半地穴和地面建筑，与新石器时代晚期的龙山文化大致相同。夏代中晚期居住建筑有窑洞、半地穴和地面建筑三类，其中以窑洞式为多。

商代一般居民为半穴居房屋，圆形的居多，穴壁抹泥皮。随着经济、文化进一步发展，此时的住宅形制应该是多种形式并存的状况。奴隶、平民仍然居住在半穴居或横穴中，即便是地面建筑，质量也十分低下，多为草顶，用荆条编成门，在土墙上挖小窗。河北省藁城区台西村的商代居住遗址发现较为集中的房址十余处，除少数为半穴居外，大部分均为地面房屋。商代居住建筑由于建造在有一定高度的夯土房基上，又在墙外普遍使用斜坡式散水，室内受潮湿的影响大为减小。

周代各类居住建筑在数量上有所增加，在技术上也有所进步。一般民居与夏商相差不大，仍以半穴居为主，建筑平面有圆形、方形等数种。

2.2.2 秦汉时期

秦代建筑虽有举世闻名的阿房宫、骊山陵、万里长城和驰道，但目前未曾发现民居遗址。整体而言，它们的形制和水平与战国末期至西汉初年相当。

汉朝是我国封建社会一个极有代表性的王朝，其版图辽阔，国势强盛。在建筑方面除了雄伟的帝都、壮丽的宫室、华逸的苑囿和肃穆的陵墓以外，两汉时期多种类型的民居在建筑上的成就也是十分显著的。

汉代民居大多采用木架构，其形式有穿斗、抬梁、干栏与井干等数种。规模较小的建筑平面常为方形或曲尺形，面阔一间至三间。较小的民居常为一层。屋顶多为两坡式，正脊两端常施起翘的脊头。用木柱梁结构者，有的还有斗拱及斜撑等辅助构件。稍大的住宅常采用将庭院置于前后二列建筑之间的布局，或将建筑合成"U"形，或将主要建筑置于中部而将次要建筑建于其两端。

门屋是有院墙的较小住宅，多在墙上辟门洞作为出入口。其上建造单坡式屋檐，作为引人注意的入口标志。厅堂是住宅中的主要建筑，在汉代大多数的画像砖石中，即使建筑的面阔很宽，其开间也仅表现为一间。汉代住宅中的楼屋大多为二层或三层；或在单层建筑上添加局部之楼阁；高达四层及以上者绝少。塔楼（或称"望楼"）是以我国传统木柱梁结构建造的高层建筑，其平面多为方形，绝大多数的楼体，其层高与宽度都自下而上逐渐递减。依墙壁建造单面或双面的廊庑，已多见于汉代的画像砖石与建筑明器。阁道作为凌空与跨越的交通行道。门楼与角楼间连有似天桥的交通栈道，但上无屋盖，侧无墙壁，仅有卧棂勾栏。

2.2.3 魏晋隋唐时期

魏晋南北朝时期由于经济衰退，社会动荡不安，大型庄园中出现同一宗族为核心的坞、壁、营、堡等。地方豪强也修建坞壁（坞堡），聚族自保，而一般的寒士贫民则结草为"蜗庐"（草庐），凿坯为"窟室"。

隋唐民居宅第规制重在控制主体堂舍和门屋。堂是住宅的核心，"门堂之制"可以看出当时严格的等级制度。从汉到唐，都城宅第均为坊里布局，曹魏时期的邺城就形成了官署和民居分区明确、整齐规划的城市雏形，到了唐代，非三品官以上的宅舍必须由坊门出入。

在唐代，廊庑环绕的廊院式宅第布局还在沿用，不同的是出现了庭院东西两侧布置东西厢房的三合院、四合院形式。北方民居大院在土夯院墙之内，有廊庑围合的内院，正中有堂屋三间，两侧各有夹屋三间。宅院的门不在轴线中间而偏向一侧。从隋代到晚唐，民居形制呈现出廊院式与合院式交叉过渡的状态。从盛唐起，宅舍的合院就已经在推行。合院式的民居虽然反映了宗法社会封闭的一面，但这种出回廊或是廊房围合成的庭院空间，也是中国传统建筑的精华之所在。

2.2.4 宋辽金时期

宋代结束了半个世纪的混乱和分裂的局面，城市规模扩大，宫殿和寺庙，都走向一定的形制模式。宋代沿袭了严格的住宅等级制度，将作监主簿李诫编修了《营造法式》，建筑等级制度通过营缮法令和建筑法式相辅实施。宋朝的典章制度和住宅形式有两个主要的特点和趋势，即统一和严密。

里坊制和封闭的城市街道与城市经济的发展产生矛盾，商业的发展突破了城垣的限制，北宋时期，街巷制取代里坊制，民众可以到坊外开设不同行业的店铺，商店遍布大街小巷。

北宋住宅的四合院形式基本确定。小型住宅多采用长方形平面，其中的梁架、栏杆、栅格、悬鱼、惹草等外形朴素。

宋仁宗时期是宗族制度发展史上的一个重要阶段，开始兴建祭祖宗祠。牌坊是一种宣明教化、旌表功德的纪念性建筑，源于中国古代用坊门表彰人或事。北宋中期里坊制废除，陆续拆除坊墙，使坊门逐渐脱离坊墙，演变成牌坊。乌头门是在地上立两根木柱，柱间上方架横额，形成门框，内装双扇门。门扇四周有框，上部装直棂，下部嵌板，一般用作住宅、祠庙的外门。

辽代建筑承继唐代建筑风貌，注重规模和气势。建筑基本形式是四合院，即由4个独立的厅堂围合而成的建筑群。金代建筑风格更接近宋代，但结构上有许多创造，平面建筑大部分采用减柱法，艺术处理上比宋代更细密华丽。

宋代建筑是柔和化的唐代建筑，影响了元明清的建筑，具有承前启后的作用。此时出现斜栿，斗拱技术相当成熟，种类多样，其承重作用大大减弱。建筑屋顶坡度加大，大胆使用减柱法，天花的式样丰富，有圆形井、八角井、菱形覆斗井等。

2.2.5 明清时期

明清时期是中国封建社会最后一次大一统及多民族国家巩固和发展的时期，因农业生产的发展和人口的增多，村落明显增加，民间建筑类型增多。明清民居建筑受地理气候、地形地貌、地质等自然因素，以及宗法、伦理、血缘等人文因素影响形成了时代风格。

（1）自然因素

如北方气候寒冷，为防寒保暖，建筑物墙体较厚，用料较粗大，建筑外观显得浑厚稳重；南方气候炎热，雨量充沛，房屋通风、防雨、遮阳等问题显得更为重要，墙体一般较薄，屋面较轻，出檐大，用料较细，建筑外观显得轻巧。

（2）人文因素

明清时期，衣食住行均有严格的等级制度，特别是建筑，不仅具备使用功能，更多的是表示等级的社会功能。如四合院的布局主要是对称式的平面、封闭式的外观，这与明清时期封建礼教、宗族制度有很大关系。

2.3 中国乡土建筑代表

中国乡土建筑总体上是以木结构为主，以砖、瓦、石为辅发展起来的。由于我国幅员辽阔，各地的气候、人文、地质等条件各不相同，形成了各具特色的建筑风格，闻名遐迩的有徽派建筑、云南白族民居、广东围龙屋、闽南民居、福建土楼、新疆民居、山西大院、陕西窑洞。本章主要介绍徽派建筑、云南白族民居和廊桥。

2.3.1 徽派建筑

徽派建筑又称徽州建筑，以古徽州府为核心区，由特定建筑元素（如粉墙黛瓦、月梁造、移柱造、阶梯形马头墙、特色工艺和特色题材的三雕等）组合而成的一种建筑类型。徽派建筑集山川风景之灵气，融地域风俗文化之精华，风格独特，结构严谨，雕镂精湛，充分体现了鲜明的地方特色，在营造艺术上逐渐形成了9个特点，为中外建筑界所重视和叹服。

①极简外表包裹丰富内涵，建筑整体内敛而不张扬。黛瓦、粉壁、黑墙边是徽派建筑外包材料色彩与质感的体现，而丰富的木雕、砖雕、石塑则蕴含于内（图2-1）。

②尺寸略显夸张的梁枋结构体系，彰显徽派建筑特有气格。月梁（图2-2）断面为圆形的梁，额枋两端圆混，立面如冬瓜者，当地俗称冬瓜梁，梁上的木雕（也有施彩

图 2-1　徽派建筑的极简外表及丰富内涵

图 2-2　徽派建筑的月梁

画的）处理，在一定程度又平衡了大尺寸梁枋的压迫感，以独特的方式诠释力与美的结合。

③粉墙黛瓦历经岁月衍生出第三色彩——灰；窄小的院落空间，其明与暗两调，在光阴的流转中组成徽派建筑黑、白、灰交织的水墨色调。

④阶梯形马头墙，以主旋律的方式在徽派建筑群中重复出现（图2-3），形成变化与统一相互包容，丰富而又不失秩序感的建筑景观。

图 2-3　徽派建筑多样统一的马头墙

⑤为使厅堂敞亮，采用了减柱、移柱、减柱并移柱等结构方式（图2-4）。其他地域传统民居也采用这些结构方式，然而徽派建筑与尺寸夸张的梁枋结合，极度凸显厅堂正面月梁尺度的减柱并移柱做法，较为独特。

图 2-4　徽派建筑减柱并移柱

⑥注重教化。通过建筑中的诗词楹联，倡导勤俭耕读，阐明人生哲理；通过小门洞、小玄关、小庭院等，暗示为人应躬谦、礼让。

⑦槛挞衣（图2-5）即窗栏板，北宋李诫编纂的《营造法式》称之为阑槛钩窗。其作用有三，一是遮挡视线；二是遮挡庭院飘雨；三是视觉美观，因为该处恰好是人的视线高度位置。

⑧精湛的三雕（图2-6），极尽木雕、石雕、砖雕之雕刻技艺，多采用高浮雕、透雕、圆雕技法，题材主要为教化、比德、寄托美好愿望之类。

图 2-5　槛挞衣

图 2-6　徽派建筑的精湛三雕
a. 木雕　b. 石雕　c. 砖雕

⑨建筑因借自然山水环境,融于环境,谦让环境,与环境形成共生共构关系。在某些方面,又主动改善环境,使建筑与生活、建筑与环境相得益彰。

2.3.2　云南白族民居

云南白族民居建筑是白族先民经过上千年创造,汲取各民族优秀建筑文化智慧的结晶。主要分布在云南大理、洱源、鹤庆和剑川等白族聚居区,在白族建筑的基础上融合汉族建筑特色,形成汉风坊院建筑。云南白族民居主要有以下几方面的特点。

(1) 风格独特的院落形式

白族民居其单体是三开间的两层楼,叫作"坊",并由其组成"三坊一照壁"和"四合五天井"两种典型的院落形式。

"三坊一照壁"是白族民居中最普遍的院落形式,属于三合院的一种地方特例。住宅的正房与左右厢房合称"三坊",三坊每坊皆三间二层,正房一坊朝南,面对照壁,主要供老人居住;东、西厢房二坊由晚辈居住。正房三间的两侧,各有"漏角屋"两间,也是二层,但进深与高度皆比正房稍小,前面形成一个小天井或"一线天",以利于采光、通风及排雨水。这样的建筑布局,一方面适应了当地的气候特点,另一方面有利于改善在有限空间内室内光线不足的问题,照壁还能给生活增添更多的情趣。

"四合五天井"是一种比较标准的四合院形式,在"三坊一照壁"的基础上,用四坊围合,加上四角的耳房,形成一大四小5个空间。各漏角的天井根据耳房功能不同,形成了不同的辅助区,并与中间的大天井相连。四坊多为三间二层,但正房一坊的进深与高度皆大于其他各坊,其地坪也略高,多朝东、南,在四个漏角小天井中必有一个用于大门入口，设门楼，也多朝东、南。

（2）建筑材料主要为石头

云南大理石头多，白族民居大都就地取材，广泛采用石头为主要建筑材料。大理民间有"大理有三宝，石头砌墙墙不倒"的俗语，指的就是建房取材的特点。石头不仅用于打基础、砌墙壁，也用于门窗头的横梁，这种用材沿袭的是南诏时的建筑方式。

（3）凹曲的屋顶

屋架构造特殊，白族传统民居至今一直沿用宋代《营造法式》规定的"生起"（当地称"起水"），三间房屋的两端屋架升高三寸，构成屋顶轻盈柔美的凹曲线。又因房屋毗连，易受火灾，普遍采用硬山屋顶和封火墙，从而产生了"人"字形、鞍形、半八角形、多弧形等多种形式的封火墙，更为凹曲的屋顶增姿添色，构成白族民居屋顶的显著特点。

（4）粉墙画壁

粉墙画壁是白族民居建筑装饰的一大特色。墙体的砖柱和贴砖都刷灰勾缝，墙心粉白，檐口彩画宽窄不同，装饰有色彩相间的装饰带。以各种几何图形布置为造型，在其中作花鸟、山水、书法等文人字画，表现出一种清新雅致的情趣。

（5）富于装饰的门楼

富于装饰的门楼可以说是白族建筑图案的一个综合表现。一般都采用殿阁造型，飞檐串角，再以泥塑、木雕、彩画、石刻、大理石屏、凸花青砖等组合成丰富多彩的立体图案，既显得富丽堂皇，又不失古朴大方的整体风格。

云南白族民居无论是建筑形式、建筑材料还是建筑选址，都体现出白族"天人合一"的思想观念。白族民居建筑的选址靠近水系，平面布局强调稳定性，体现了中国古代哲学思想中的"阴阳平衡"，天、地、宅、人为整体，追求人与建筑的相互协调、人与自然的和谐共生。

2.3.3 廊桥

刘敦桢《中国之廊桥》一文中，将在桥面上覆亭构屋之桥称为"廊桥"。廊桥的特点在于它是一个多功能的结构体系。在构造上，廊桥由木拱架、横梁和桥面三部分组成；在功能上，廊桥主要用来遮风挡雨、沟通天堑、供人休憩、交流聚会等；在艺术表现上，廊桥具有优美的造型、朴素的结构和精湛的工艺。廊桥是特有品类的乡土建筑，是特殊地理环境和特定民俗文化背景下的产物。

廊桥按营造技巧可分为石拱木廊桥、伸臂木廊桥、木拱廊桥。

石拱木廊桥建廊身之石拱通常跨度和宽度较大，其下桥体可视为建筑之台基，直接将屋架置于其上，廊身的稳定性靠其自身屋架与屋顶维持。下桥体石拱桥是中国传统的桥梁四大基本形式之一——用天然石料作为主要建筑材料的拱桥。

伸臂木廊桥是在木拱桥两端加设伸臂或拱座，使桥梁的跨度得到延伸，桥台与伸臂和拱座相连。其构造特点是：由两端伸出的短梁和在桥两端形成的伸臂组成。伸臂由两根直木或直木段连接而成，两伸臂之间设置一个桥台，以利于两伸臂的连接。根据桥墩的伸臂数量，伸臂木廊桥有单伸臂墩、双伸臂墩和三伸臂墩等形式。木拱廊桥是一种河上架桥，桥上建廊，以廊护桥，桥廊一体的古老而独特的桥梁样式。木拱廊桥又称虹桥，因桥上建有桥屋，俗称"厝桥"。桥梁专家唐寰澄教授根据其拱架结构特点将其定名为贯木拱桥，是中国传统木构桥梁中技术含量最高的一种桥梁形式。北宋《清明上河图》所绘横跨汴水的虹桥就是木拱廊桥的典型代表。我国现存的木拱廊桥主要集中在闽浙边界，分布于福建寿宁、屏南和浙江泰顺、庆元、景宁等地。木拱廊桥的结构为上廊下桥，桥面之上供人通行并建有廊屋，桥面之下则是整座桥的承重结构，下部承重结构又由4个系统组成。第一系统为主拱系统，由3根长圆木纵连成"八"字形拱架，称为"三节苗"；第二系统为辅助拱系统，由5根稍短的圆木纵向连接成五折边形拱架，称为"五节苗"，五节苗与三节苗相互穿插，增强了结构的稳定性；第三系统为将军柱构架，在苗头和端竖排架之间设置两组"剪刀撑"，用来增强整体构架的稳定性，上半部设有"青蛙架"作为廊屋的檐柱；第四系统为桥面系统，通过木材之间的榫卯连接，组成一个从左岸到右岸的水平支撑，再在桥面系统上铺设横板以建造廊屋。

全国保存下来的木拱廊桥逾一百座，在福建宁德境内有54座，其中，寿宁县有19座保存完整、最具特色木拱廊桥，木拱廊桥数量为"中国之最"。下文主要介绍鸾峰桥与福寿桥。

①鸾峰桥（图2-7） 位于寿宁县下党乡下党村南，又称下党桥，始建于明代，清嘉庆五年（1800年）重建，1964年修缮。桥呈南北走向，桥长47.6m，宽4.9m，桥屋17开间，72柱。鸾峰桥北面桥堍建在岩石上，南面桥堍用块石砌筑，四柱九檩穿斗式架构，桥中心采用如意斗拱叠梁形成八角藻井，顶部覆盖双坡屋顶。桥中设神龛，祀临水夫人。鸾峰桥是我国现存单拱跨度最长的木拱廊桥，单孔跨度37.6m，为全国重点文物保护单位。

②福寿桥（图2-8） 又称坝头溪桥，位于寿宁县西浦村，清嘉庆十九年（1814年）造，因建在当年状元缪蟾赶考时走过的"前桥"旧址，后人将之更名为"登龙桥"。南

图 2-7　鸾峰桥

图 2-8　福寿桥

面桥堍建在岩石上，北面桥堍用条石砌筑。桥呈南北走向，长40.7m，宽4.9m，孔跨32.8m。桥高水位15m，桥屋为四柱九檩穿斗式构架，南面桥座建在自然岩石上，北面桥座则用条石砌筑。桥身有18开间76柱。拱架在不用铆钉的情况下，由数十根巨木穿插叠加而成。桥廊两边设置木凳，以便行人落脚歇息。

小　结

本章介绍了乡土建筑的基本概念、特征及类型，并以时间为线索详细阐述了中国乡土建筑的发展历程，同时，展示了中国乡土建筑的典型代表。通过本章的学习，可以系统地了解乡土建筑的基本情况，进而更好地认识和传承乡村文化，推动乡村的可持续发展。

思考题

1. 试述中国乡土建筑主要经历的几个发展时期及其发展规律。
2. 试列举有代表性的中国乡土建筑，并说出其特征。

推荐阅读书目

1. 中国民居建筑（共三卷）. 陆元鼎. 华南理工大学出版社，2003.
2. 乡土建筑装饰艺术. 楼庆西. 中国建筑工业出版社，2006.
3. 中国乡土建筑初探. 陈志华，李秋香. 清华大学出版社，2012.

第3章 乡土聚居文化

乡土聚居文化是以人居环境为基础的乡土文化表达。其中，传统乡土聚落是乡土聚居文化的物质载体，社区营造与乡土记忆是衔接物质载体及社会文化生活的强力纽带，民族聚居文化则呈现了乡土聚居文化适应性层面的多样化表达。

3.1 传统乡土聚落

传统乡土聚落，包含聚落与村镇、传统聚落的缘起与发展、典型乡土聚落的文化表达三方面内容。它以适应地缘（当地的地理、气候、风土等）展开生活方式，以家族的血缘关系为生存纽带，是农耕文明的重要载体。

3.1.1 聚落与村镇

3.1.1.1 聚落

作为语汇，"聚落"一词出自《汉书·沟洫志》"或久无害，稍筑室宅，遂成聚落"。聚落是人类各种形式聚居地的总称，是人类有意识开发、利用与改造自然环境而营造的适宜聚居生活的生存环境，包括城市聚落和村镇聚落。

作为学术术语，"聚落"可理解为人居或人居环境。吴良镛先生在《中国人居史》

中写道:"人居(human settlement)是包括乡村、集镇、城市、区域等在内的所有人类聚落及其环境。人居由两大部分组成:一是人,包括个体的人和由人组成的社会;二是由自然的或人工的元素组成的有形聚落及其周围环境。人居环境包括自然、社会、人类、居住与支撑网络五个要素。"

聚落作为人类文明的重要载体,具有功能、社会和意识三位一体的多层结构。它既是一种空间系统,也是一种复杂的经济、文化现象和发展过程;既包括富有特色的空间形式,又包括制度、活动和价值观的认同。可见,聚落是在特定的地理环境和社会经济背景中,人类活动与自然相互作用的综合结果,受自然环境、社会文化、商贸经济、工艺技术、人文艺术等因素的综合影响,集中体现了各文化圈层自然与文化的发展与积淀。

3.1.1.2 村镇

村镇是聚落的重要类型,包括村和镇,在国土范围中占有极高的比重,其重要性不言而喻。这些村镇广布于我国国土全境,大多有着悠久的营建历史、鲜明的文化特征及相对完整的格局风貌。其中,一些是历史时期形成的、文脉特征显著且风貌保存较好的村镇,如历史文化村镇、传统村落等;另一些是空间格局与形态发生一定改变,但地域历史记忆和风貌特征尚存的村镇。历史文化村镇、传统村落等是富有多样物质与非物质文化资源的特色人居单元,是能充分展示我国优秀传统人居环境乡土文化的物质载体与优秀代表,其充分挖掘、妥善保护及健康可持续发展是当下学界与业界密切关注的重要对象。

(1)历史文化村镇

历史文化村镇是指保存文物特别丰富且具有重大历史价值或纪念意义的、能较完整地反映一些历史时期传统风貌和地方民族特色的村和镇,包括国家、省、市等各级的历史文化名村与历史文化名镇,分为乡土民俗型、传统文化型、革命历史型、民族特色型、商贸交通型等多种类型,充分反映了各地历史文化村镇的传统风貌,是我国富有地域特色的聚落典型代表。其作为历史文化遗产中的瑰宝,融汇了我国不同时期、不同地区、不同民族的生态聚居观念、空间营造理念、建筑构造技艺、民俗文化风情和传统审美意趣,是诗画中的家园,更是乡土文化的家园。

历史文化村镇案例:福建城门镇林浦村

福建省福州市仓山区城门镇林浦村位于闽江畔南台岛东北隅,是中国历史文化名村,林浦村山水风光秀美,是滨江水口型聚落,"玉带环村,九曲十八弯",融宋韵遗风、宋帝行宫、书院文化与科举文化等特色资源及地域文化特征为一体,较好保留了聚落山水空间格局与地域乡土文化景观,拥有14个文物保护单位和32个挂牌保护建筑,其历史文化价值可以归纳为以下四个方面:

①秀美的山水风景 林浦村南倚九曲山,北临闽江,与鼓山隔江相望;村周有浦下河、内浦与新浦三水环绕。古时,林浦村飞鸟翔集,风景秀美。从村落北部的泰山宫、濂江书院、林浦断桥、世大夫林公祠、御道街等处北望,闽江对岸鼓山一带水清岸绿、

林木苍翠、水草丰美，令人心旷神怡。

②悠久的历史　依据《濂江林氏家谱》，林氏自五代时期开始便生息于此，逐步发展成当地大族。林浦村有近千年的历史积淀。唐代时为江边小渔村；宋代建濂江书院，朱熹亲临讲学并题书"文明气象"；南宋末年宋帝驻跸，于平山建宋帝行宫，抗元救亡；元代，林浦村民为纪念宋帝及抗元英雄，以神代人，将平山行宫更名为泰山宫；明代，以一纵四横五条主街为骨架的村落格局基本成形，林氏一族人才辈出，科举取士冠于全国，"七科八进士，三世五尚书，国师三祭酒，五传十州牧"，地区社会与文化蓬勃发展；清代以来，因水陆交通之利而逐步发展成为闽江上重要的水产品与农产品商贸集散地，地区经济、社会与民生全面发展。从村落的历史遗迹及史书记载来看，宋、明两代是林浦村历史上最为辉煌鼎盛的时期。泰山宫、濂江书院（图3-1）、林公家庙（图3-2）、林浦断桥等古建筑，向人们诉说着村落悠久的人居环境发展史及地域文化精神传承。

图3-1　濂江书院

图3-2　林公家庙

③繁荣的水陆商贸　水路方面，林浦村毗邻闽江村北部水面空间开阔、水流平缓，且汇入闽江下游后航行条件良好，便于水上舟楫往来，航道上有近千年历史的"邵岐—魁岐"古渡口是横渡往来闽江两岸的重要水上通道；陆路方面，林浦村周围设有驿铺，交通也相当便捷。便捷的水陆交通，使林浦村与福州城的水陆商贸往来极为密切，促进了林浦村的商贸发展。

④多元的信俗艺术　林浦村庙宇林立，民间信俗及艺术丰富多元。宗教信俗是林浦村民日常生活中的重要组成部分，物化于泰山宫、天后宫、瑞迹寺、邵岐石塔、濂江书院、太保亭、玄帝亭、马元帅亭、金圣侯亭等节点。迎泰山，是林浦村重要的游神活动。除迎泰山外，泰山宫中的重大活动还有重阳节庆典。此外，还有著名的民间音乐安南伬（安南鼓），这是一种独具当地特色的民间音乐，意在庆祝丰收、欢度节庆，曲调明快、节奏流畅、旋律优美、令人欢悦。

（2）传统村落

中国传统村落，多指民国以前所营建的古村落。传统村落富有深厚的历史积淀和多样的文化景观，是中国传统乡土文化的重要遗产。传统村落大多妥善保留了历史传统印记与乡土文化气息，村落的山水环境、景观格局、土地肌理、建筑风貌等未有太大变动，独具地域乡土风情与民俗民风，文化价值及传承意义显著，大多具有以下四个方面的特征：

①富有物质与非物质乡土文化特性　在传统村落中，物质与非物质乡土文化资源丰富多样、融合依存，形成了每一个传统村落独特的文化审美基因。统筹物质与非物质乡土文化资源的整体性保护，对延续传统村落的形与神至关重要。

②历史文化景观资源动态层积丰富　传统村落源于当地居民世代延续的人地互动结果，是一个持续层积的历史文化景观资源综合体。代代相传、生生不息的当地居民栖居于此，充分展现了各地传统村落的动态嬗变与持续层积过程，呈现出传统乡土文化强大的、立体的生命力。

③兼顾妥善保护与可持续利用　大多传统村落仍有相当数量的本地居民聚居，是当地民众生产和生活的家园。应充分考量本土居民、外来游客、地方政府、专家学者等利益相关者的多元需求，做好传统村落保护与发展的权衡与协同，兼顾其妥善保护与可持续利用。

④富含多样化民俗风情的活态人居　就传统村落的乡土文化而言，类型多样的民俗风情是其独特的灵魂与韵味。这些传统村落大多有着丰富的历史记忆、宗族传衍、民俗艺术、俚语方言、乡约村规、生产方式、文娱活动、民族风情、特色节庆、地域美食等，是饱含特色乡土文化内涵、传统历史积淀厚重的人居单元。

传统村落案例：湖南苗族乡上堡村

上堡村地处湖南省邵阳市绥宁县西南部雪峰山余脉和五岭山系交汇处，四周青山连绵、三面溪水潺潺，为古侗苗边疆之地，平均海拔900m，是苗族历史上首次建立政权时的首府所在地，史称"上堡古国"。目前村民以侗族为主，兼有苗、瑶、黎等多个少数民族。

聚落格局及景观特征方面，东、南、西三面地势较高，北面最低，上堡村顺势而建，坐南朝北。外有群山环绕，以坡度较缓的梯田为过渡，内以九座小山为环，青石古道纵横交错，聚落格局呈"三纵五横、井字相连"之形，上堡村形成山-林-田-居交融互适的景观特征（图3-3）。

文化景观方面，有丰富多样的物质与非物质文化景观。就物质文化景观而言，村中较好地保留有明末清初李天保称王时的金銮殿遗址、大校场、点将台、忠勇祠、旗杆石遗址、拴马树、风雨桥等历史文化景观。就非物质文化景观而言，源于侗、苗两族的民族特色民俗传统，积淀有丰富多样、特色鲜明的地域性非物质文化遗产，如芦笙、哭嫁、四八姑娘节、过侗年等，地方气息浓郁。

图 3-3　湖南苗族乡上堡村［引自湖南省住房和城乡建设厅.湖南传统村落（第 1 卷），2017］

3.1.2 聚落的缘起与发展

我国传统聚落最早可追溯至原始氏族社会，自先民定居生活开始便不断发展和演进，从低级到高级、从简单到复杂、从零散到集聚，进而形成了独具东方特色的人居环境体系。吴良镛先生系统地梳理了我国人居环境发展史，按照聚落的时空演变进程，大致将传统聚落的缘起与发展分为先秦、秦汉、魏晋南北朝、隋唐、宋元、明清等若干时期。

3.1.2.1 先秦时期

先秦时期，是我国人居建设与聚落发展起源、发轫的初始阶段。基于《诗经》《左传》《史记》等传统文献及现代考古资料，先秦时期的人居环境建设伴随人类定居生活而从无到有，作为一个有机的、协调的系统，形成了与各地自然环境、气候条件相适应的人居雏形，且充满了多元性的人居文化。

从先秦时期的聚落形态演进上看，先后经历了"聚""邑""都"的过程，进而衍生出城市和国家。"聚"指最早期的居住地，约二十户近百人即可成为最小规模的"聚"。"邑"指已形成了一定人口与空间规模的，建设有壕沟、栅栏或城墙等工事的，统治阶级集中居住和从事活动的聚落类型，作为域内的政治、经济和文化中心，典型代表有湖南城头山遗址、浙江余杭良渚文化古城遗址等。"都"是具有都城性质的聚落类型，大多建有城垣、宫殿、宗庙与陵寝，是地区政治、文化、宗法、血缘等多方面的中心，具有规划较完整、夯土台基宫殿、工商业市聚集等特征。

总而言之，先秦时期的先民基于水源、土地、安全、社会、居所等早期人居基本要素，逐步形成了朴素规划思想下的人居环境整体经营模式。以"营城"为代表，在考量与兼顾军事防御、社会功能等多方面内容的基础上，形成了以《周礼》为典型的天下空间治理模式，深刻影响了后世的人居环境发展及聚落营建。

3.1.2.2 秦汉时期

秦汉时期是我国人居建设与聚落发展统一、奠基的阶段。基于前所未有的全国大一统局面,形成了"天下人居"的空间营建模式,为我国后世的人居环境建设奠定了框架与基础。

(1)"天下人居"奠基方面

秦代结束了此前动荡分治的局面,一统天下。以都城咸阳为中心,开创郡县制,外筑长城、内修驰道,重塑礼乐文化与信仰秩序。汉朝继承秦制,并在此基础上进一步向前发展,成功探索了大尺度"天下人居"的空间营建模式,外筑长城以保境安民,内修驰道以通达天下,基于"礼"文化,构建天下文化空间秩序。秦代开始将"五岳四渎"*作为天下人居文化坐标的模式,其建构过程一直延续至清代。

(2)京畿地区人居建设方面

咸阳、长安分别是秦汉时期的主要都城,是两朝天下人居的中心。咸阳与长安相邻,关中地区即为京畿腹地。秦代,通过象天法地的方法营城建宫、凿池设庙,以天为范营建都城咸阳,开创了空间布局自由分散的巨型帝都营建模式。汉代,沿用承袭秦代都城营建模式,定都关中,改咸阳为长安,在秦宫遗存的基础上兴建规模巨大、规制井然的都城,将文化、信仰与空间紧密相融。

(3)区域人居发展方面

以都城长安为核心,依托日益完善的网络化交通基础设施,向外形成了多层次的空间体系,不断推进区域性人居环境建设与聚落发展。至西汉王莽时期,形成了5个经济发达的区域中心,即位于全国交通干线上的"五都"(邯郸、临淄、洛阳、长安、成都)。持续向外部开疆拓土,并遵循"乐其处而长居"的思想用心营建边疆人居环境。此外,兴修灵渠等区域性水利工程,并借由丝绸之路加强与世界各国的商贸往来和文化交流。

3.1.2.3 魏晋南北朝

魏晋南北朝时期是我国人居建设与聚落发展交融、创新的阶段。在社会分裂与局势动荡的背景下,北方游牧文明与南方农耕文明剧烈冲突、深度交融,加之佛教的传入,深刻地影响了南北方人居环境的发展。

(1)士人觉醒与自然审美

士人突破汉代儒教礼法的束缚,发现自我、释放自我,并将远离尘世市井的自然作为精神寄托,产生了以山水为美的自然审美,进而映射至理想人居环境的营建。士人崇尚守拙田园、走向山水,形成了以"桃花源"为代表的理想人居环境模式。

---

* "五岳"指东岳泰山、西岳华山、南岳衡山、北岳恒山和中岳嵩山;"四渎"指江、河、淮、济,即长江、黄河、淮河、济水。

（2）都城人居文化交融与地方人居环境革新

①都城人居方面　割据政权各自为政，延续了东汉的集中式倾向，兴建了多样化的都城，以邺城、洛阳和建康为典型代表。

邺城：历经曹魏、东魏、北齐的持续建设，采用"参古杂今、具造新图"的营建模式，对称布局、突出中央，塑造了规整的都城格局。

洛阳：北魏王朝由平城（今山西大同）迁都洛阳，在宫城建筑与里坊制度等方面承袭平城，并加建外城，确立了大尺度人居空间整体性布局——宫城轴线贯穿凸显王权，其他人居要素依序排布的都城人居环境空间基本模式。

建康：魏晋南北朝时期，有六朝定都建康（今江苏南京），使其成为南方的政治、经济和文化中心。

②都城选址与布局方面　在充分考量钟山、石头山、马鞍山、玄武湖、秦淮河等山水形势的基础上，因地制宜地选址营城，并因势利导，构建了恢宏的都城中轴线体系。综上，魏晋南北朝时期的都城人居营建，一是产生了大尺度人居环境的对称布局手法；二是强化了中轴线空间的艺术性组织；三是探索了自然山水环境与人文空间秩序的交融路径。

③地方人居方面　呈现出注重安全防御、注重与自然相融两方面特征。

（3）佛教本土化及其对人居环境的深刻影响

随着外域佛教的传入及其本土化，各阶层的信众日益增多，大量的寺院、佛塔、石窟等佛教建筑得以兴建，对后世的人居环境营建产生了深远的影响。

3.1.2.4　隋唐时期

隋唐时期是我国人居建设与聚落发展成熟、辉煌的阶段。在大一统的背景下，该时期继承了魏晋南北朝的人居遗产，充分融合南北方的民族与文化，促使人居环境走向成熟与辉煌。

（1）天下人居空间结构的日益完善

隋唐时期，社会稳定、经济繁荣、国力强盛，形成了日益完善的天下人居空间结构。《通典》描绘了隋唐两代"京都-都督府-都护府-四辅-六雄州-十望州-上州-中州-下州"的层级性人居体系。

（2）都城人居的创造与发展

隋唐时期设立了"长安-洛阳"的两京制度，实现了都城规划制度的创新。隋唐长安选址于汉长安故城的东南部，顺应山形地势以营城布局，"北苑南坊，宫城居中"，城内外空间严格中轴对称，并于特定方位建设宫城、皇城、玄都观、兴善寺等，街道纵横通达，蔚为壮观。有别于长安城的严谨，洛阳城的规划设计则更为活泼，"西苑东坊，宫城居中"，空间构图更为灵活。大明宫、九成宫、帝陵、明堂等重大人居工程得以兴建，园林兴盛，并产生了人居风景化的趋势。注重礼乐秩序、遵循模数设计的都城人居规划理论日益成熟，对日本等亚洲国家影响深远。

（3）地方人居的发展

隋唐时期社会稳定、经济繁荣，极大地促进了地方人居环境的有序发展，以扬州、益州（今四川成都）、河西走廊及河东地区最为典型。除城邑、市镇等集中型聚落外，散点式的乡村聚落也迎来了发展的新局面。均田制、租庸调制、府兵制等良政行之有效，加之长期和平环境下的休养生息，为乡村人居发展奠定了坚实的基础。此外，文人士大夫将诗情画意融入多尺度、多类型的人居建设中，进一步推动了地方人居的发展。

3.1.2.5 宋元时期

宋元时期是我国人居建设与聚落发展变革、涌现的阶段。在重文轻武的时代背景下，各方面社会环境较前朝发生了较为深刻的变化。士人文化形成，经济重心南移，科技文化兴盛，多民族融合发展，促使人居环境建设迎来了崭新的时代。

（1）都城人居建设

基于巨大的漕运需求，北宋时期定都于汴梁（今河南开封）这一黄河水系与长江水系相互连通的重要节点城市。南宋，受迫于金兵南下，政权迁都于临安（今浙江杭州）。临安东临钱塘、南跨吴山、西濒西湖、北抵武林，空间布局较为灵活自由，形成了江南地区典型的"山-水-城"结构。都城地区建设方面，注重防御圈层的营建，以江河为主干，形成了圈层式的地区人居结构。元代，定都于元大都（今北京），承袭传统都城规划制度，确立了外城、皇城、宫城环环相套的传统形制，以皇城与宫城的中轴线作为全城规划的主轴线，合理组织各功能分区。

（2）江南人居建设

宋元时期大规模北人南下，经济与文化重心南移，极大地促进了江南地区的人居环境建设与聚落发展，以苏杭最为典型。为应对日益增长的人口规模，民众进一步开发低地沼泽和低山丘陵地区，开垦出大量的圩田和梯田，塑造了江南地区水网密布、高低错落的地域人居景观风貌。

（3）人居文化新气象

宋代是我国传统文化走向成熟的一个重要时期，对人居营建影响深远。一是文庙、书院等建设进入高峰期，文化教育与文化生活兴盛；二是诗画、山水与人居相互融通，显著提升了诗画人居的人文意境，这从北宋画家王希孟的《千里江山图》中便可窥见一二。

3.1.2.6 明清时期

明清时期是我国人居建设与聚落发展博大、充实的阶段，在多民族融合统一的背景下，人口剧增、商贸发达，经济社会稳步发展，文化建设成果显著，逐步形成了完备的中国人居体系。

（1）统一多民族国家的人居秩序

明清时期以中华礼乐秩序为底层架构，融合"汉"与"满蒙藏"二元体系，进而形成了我国统一多民族国家的天下人居秩序。中华礼乐秩序，涵盖了岳镇海渎、都邑等诸多内容。基于等级秩序，形成了"都–省–府–州–县"的层级性人居体系。军事防御体系方面，于北部建立了"九镇+长城"为主的边防体系，于东南沿海建立了海防卫所体系，分别于陆路与水路抵御外敌。

（2）都城人居规划日趋成熟

①京畿地区　依托区域山水结构，构建起相互连通、韧性有机的人居支撑网络；基于军事防御、商贸往来、文化交流等多重功能，塑造了协同发展的区域城镇体系；以北京城为核心，形成了"城郭–近郊–远郊"的多层次都城人居环境格局。

②都城人居　以南京和北京为代表，均具有完善的整体格局，并与区域自然山水环境巧妙融合。明初，定都南京，因地制宜以营城，确立了旧都经济生活轴与新都政治文化轴双轴并举的都城空间布局模式。明永乐年间，迁都北京，在元大都的基础上扩建与发展，南、北城墙南移数百米，并加筑外郭城，形成了"凸"字形的城市格局。清代沿用北京作为都城，并着力经营城西北郊的皇家园林，将北京城与区域山水环境更为紧密地联系在了一起。

（3）地方人居环境全面兴盛

①京杭大运河贯通南北，带动沿线的天津、济宁、淮安等城镇快速发展。

②工商业迅猛发展，商贸经济促进苏州、杭州、扬州、武汉等城镇蓬勃发展。

③以福州、温州等为代表的城市，其"山–水–城"的东方山水人居环境景观结构日趋成熟。

④多民族文化彼此交融，在全国各地形成了各具特色的地域人居。

⑤明代"一条鞭法"与清代"摊丁入亩"等良政充分激发了基层民众的积极性，乡村地区的人居建设形式各异、特色鲜明。

3.1.3　典型乡土聚落的文化表达

3.1.3.1　山间河谷型聚落的文化表达——嵩口古镇

福建省福州市永泰县嵩口古镇地处闽中地区，自然环境优美、人文底蕴深厚，是浙闽丘陵地区中国历史文化名镇的典型代表。古镇为河谷平原型聚落，选址于大樟溪中游的河谷地区，山水交会，具有风景宜人的山水环境基底。

嵩口古镇因水而兴，历经了千年的历史积淀。嵩口古镇源于先秦，宋成集市，元代置镇，明清以来鼎盛发展，成为福州西南腹地重要的人居节点、商贸中心和交通枢纽，因特色商业街市及近百处明清时期古民居建筑而成名。近年来，基于闽台合作机制，成功开创了传统村镇振兴发展的"嵩口模式"。嵩口古镇日益成为福州都市圈中体验传统村镇生活、领略地域特色乡土文化的首选地。

嵩口古镇的历史文化价值主要体现在以下四个方面：

①风景优美的山水聚落　古镇地处戴云山东麓，自然风景优美。四周山峦连绵，

西、北、东三面环溪。小镇临水而建、因势利导，依据传统风水堪舆理念组织空间布局，并广栽榕树以改善水土环境，是闽中地区典型的山水聚落。

②自然质朴的民居古建　古镇拥有近百座明清时期的民居古建，自然质朴、别具韵味，其空间布局和建筑风格是传统"天人合一"思想与地区商贸经济相互作用的完美结合。庙宇（天后宫、关帝庙等）、堡寨（万安堡）、宗祠［杨氏宗祠（图3-4）、林氏宗祠等］、古厝［龙口祖厝、双瑞厝、和也厝、拔魁厝（图3-5）、宴魁厝、耀秋厝、德和厝］等各类古建筑，地域特色鲜明、文化底蕴深厚。此外，还有技艺精湛的木雕、石刻、石碑、古井等。

图 3-4　杨氏宗祠

图 3-5　拔魁厝

③特色鲜明的商业街市　古镇因水而兴，水陆交通便利，商贸往来自古便较为繁盛，是辐射周边区域的重要物资集散地。频繁的商贸物资往来，催生了镇中的特色商业街市，主要有横街、直街、米粉街、关帝庙街、服装街等，绵延数百米。街市两侧建筑商铺呈传统的前店后宅形式，地域性商业特色鲜明。

④类型多样的文化民俗　活跃的水路商贸活动，孕育了古镇类型多样的文化民俗。例如，永泰赶墟节等商贸文化，蛋燕、李干、葱饼、线面、九重粿、转鸡头、十二道菜、什锦小食等地域美食文化，伬唱、畲歌、嵩口虎尊拳等民俗文体活动，竹编、书画、藤编等民俗技艺，"铁印直走""官由由来""赤水来历"等民俗传说等。

3.1.3.2　平原型聚落的文化表达——温州滨海丘陵平原地区聚落

平原地区的聚落营建经历了漫长的水适应性历史过程，普遍会形成庞大的村镇聚落体系，其文化表达主要反映在水适应性导向下的人居环境营建与景观特质生成。村镇聚落营建以实用质朴的民居单体为基本单元，与水利建设及农田开垦紧密关联，发展出类型多样、数量庞大、分布广泛的村镇聚落。这些村镇聚落与农业开发、水利建设等内容的紧密联系，可从分布发展、平面形态两方面进行解读。

以温州滨海丘陵平原地区（图3-6）为例，其村镇聚落的分布发展与地区的开拓发展历史进程紧密关联。随着海岸线外移、塘河水系成形与水网平原扩张，村镇聚落的分布也随之大致经历了"山麓平原——塘河水系平原——滨海海塘与陡门沿线平原"这一由高向低、由内向外、由山向海的蔓延发展过程。将村镇聚落与农田水利网络叠加,依据其平面形态与形成时间,可将村镇聚落分为山麓聚落、堤塘聚落、陡闸聚落和溇港聚落等主要类型。

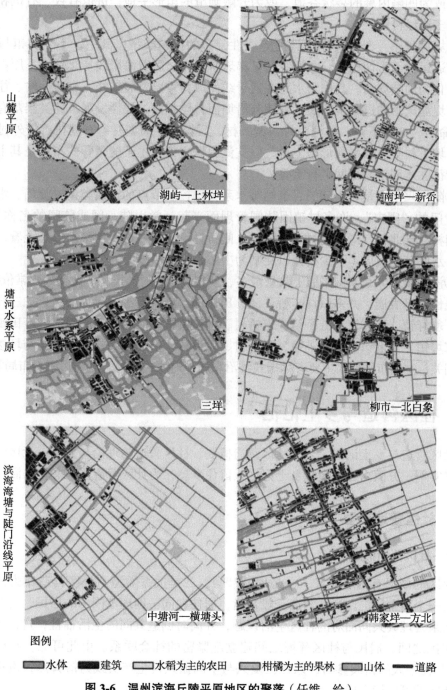

图 3-6 温州滨海丘陵平原地区的聚落(任维 绘)

①山麓聚落 是最早出现的村镇类型。彼时塘河水网平原尚未成形，海潮内侵、江河易涝、沼泽遍野，地势高爽的山麓平原成为当时为数不多适宜聚落营建的重要区域。此类聚落多以"山、岙、岭"等命名，如茶山镇、宜山镇、北岙村、吴岙村、岭下村等。从平面形态上看，背山夹（临）水是其主要空间布局特征，靠近山麓一侧多紧贴山脚线，或为凹陷内聚的袋状谷地，或为开敞圆滑的扇形平地，进退有致、有机和谐，山谷溪涧多流经村镇。

②堤塘聚落 是沿海塘、塘河等线性分布的村镇类型。其中，不少村镇与海塘管理、交通运输等密切相关，在塘线上呈串珠状分布。随着海岸线持续外推，原本的一线海塘转化为内陆塘河。其作为水路交通干线而成为重要发展轴线，交通运输、往来贸易促进了堤塘聚落的进一步发展，常使其沿塘河首尾相接、线性发展。此类聚落有不少以"塘"命名，如塘下镇、横塘头村、塘头村、后塘村、前塘村、官塘村、塘外村、新下塘村、塘下村等。从平面形态上看，以支流堤塘主街为主干的鱼骨式布局是其主要空间布局特征，水网常与街网平行重叠。

③陡闸聚落 是位于陡门、水闸等水系关键控制节点的村镇类型。陡门、水闸大多设有专门的"闸夫"，许多村镇因陡闸管理而兴起，常以陡、闸或陡闸的名称等命名，如陡南村、陡北村、老陡门村、小陡村、闸桥村、石岗村等。从平面形态上看，常围绕陡门、水闸蔓延发展。不少村镇以陡闸为中心，形成了重要的公共空间。

④溇港聚落 是水网平原上数量最多、分布最广的村镇类型。此类聚落常依托圩岸、圩溇线性蔓延发展，并多以垟、桥、浦、田、埠、港、河等的名称命名，如三垟镇、林垟镇、翁垟镇、泮垟镇、虹桥镇、宋桥村、林步桥村、芦浦村、西浦村、汀田镇、鲍田镇、宋埠镇、龙港镇、七里港镇、泰河村、河沿村、横河村等。平面形态与圩溇的发育程度相关，空间布局形式主要有尽端式溇沼布局、内河式布局、复合式河港布局等。

3.2　社区营造与乡土记忆

社区营造与乡土记忆，包含社区营造概要、社区营造的理论与方法、社区营造与乡土记忆实例三方面内容，唤醒乡土记忆，留住乡愁，为社区营造注入文化内涵。

3.2.1　社区营造概要

3.2.1.1　社区营造概念

社区的概念有两层含义，一是地域社会，二是关系类型。社区营造作为社会学术语，是一个新生词汇。社区营造一般是指，居住在同一地理范围内的居民，持续以集体的行动来处理其共同面对的社区生活议题，并同时创造共同的生活福祉，进而逐渐在居民与居民之间、居民与社区环境之间建立起紧密的社会联系。由此可见，社区营造的"灵魂"在于人的持续参与，以社区复兴与空间振兴再生产实践为落脚点，重视社群干预及社区的可持续发展。

3.2.1.2 社区营造目的

20世纪初，全球兴起了社区复兴、造乡运动和社区新政的实践。社区营造源于"社区复兴"运动的兴起，在增强社区基层解决污染、贫困、救助等地方性事务自主权的同时，通过自下而上的方式恢复社区活力，进而推动社区与社会的良性可持续发展。在亚洲，社区营造作为"社区复兴"运动的有益探索，源于日本的"社区魅力再造运动"。不同于过去行政规划下的社区，社区营造重视社区中人与人、人与空间的良性互动，重构了充满活力与自组织能力的生活自治共同体。

党的二十大报告强调"必须坚持人民至上。我们要站稳人民立场、把握人民愿望、尊重人民创造、集中人民智慧""增进民生福祉，提高人民生活品质"。社区营造正日益成为促进民众人人参与，推动社区空间共同体再造，完成自下而上社群治理的重要抓手。近年来，我国在借鉴既有社区营造经验的基础上，以打造共同体为目标，在各地开展了一系列各具特色的社区营造实践，积累了不少社区营造的技巧与实践经验，形成了相对完整的流程、技巧和价值理念。社区营造的目的大体包括以下几个方面。

（1）保护优秀传统文化

党的二十大报告明确指出，要"推进文化自信自强，铸就社会主义文化新辉煌"。社区营造是保护中华优秀传统文化多样性、原真性、地域性的重要抓手。依托特色城乡人居环境的物质载体，深入挖掘其蕴含的多元中华传统文化元素与脉络，引入社区营造创新性行动式，兼顾本土在地化传统文化活化与现代文旅商贸经济培育，通过社区原生的自组织管理来抵御外来商业对本地固有生活的侵蚀，达到系统性有效保护中华传统文化的目的，使文创产业与文旅经济落地生根。

（2）促进城乡平衡发展

党的二十大报告明确指出"促进区域协调发展""全面推进乡村振兴"。基于快速城镇化、城乡人口加速流动等时代背景，乡村的社区建设普遍存在互相关联交织的"自治理困境"和"共同体困境"。社区营造有机融合了社区建设、治理与发展，既能汇聚社区社会资本，又能增进社区居民自立力、凝聚力及居民福祉，在乡村地区具有极大的应用潜力与广阔的开发前景。以乡村振兴的有效实现和共同体的重塑为目标，聚焦乡土文化多样性保护、乡村社区生活圈重构、乡村自然山水环境生态保育、乡村特色品牌观光农业、乡村休闲深度旅游等方面，社区营造有助于拉近城乡间的时空距离，并可通过活化更新等方式，在一定程度上缓解乡村空心化问题，为促进城乡平衡发展探索新路径。

（3）利于缓解社会问题

社区营造产生的底层逻辑，在于响应后工业化时代社会建设发展与生活方式转变过程中部分社会问题亟待缓解的现实需求。社区营造可引入社会资本、社区主义和自组织理论等，以社区培力为切入点，通过调动民众的广泛参与，将社群的行动参与贯穿于理论和实践中，激发社区的活力、凝聚力和自治理能力，实现社会治理共同体建构。依托社区内生的自组织社群，着重关注空间与人的动态互塑，一方面开展社群自我改良运动，另一方面进行社区营造运动，自下而上、由内而外，促进社区空间再造，培育社群利益共同体，使基层民众通过自治理、自组织来解决实际问题，凝聚社群共识、重申空间正义、化解社区矛盾，进而达到缓解社会问题的根本目的。

3.2.2 社区营造理论与方法

3.2.2.1 社区营造理论

（1）社会资本理论

社区营造涉及社会资本的累积，应用最多的为美国社会学家罗伯特·D.帕特南（Robert D. Putnam）的社会资本理论，涉及以下两方面：一是互惠规范能增进社群网络成员间的彼此信任，二是社群社会资本是社区振兴的重要基础。

（2）社区主义理论

社区主义是基于公益的治理模式选择是社区营造的理论之一。社区主义认为个体无法脱离其所属社群，参与公共事务是个体民众的权利与责任，强调协同共建。基于社区主义理论视角，存在社区发展、社区行动和社区服务三种治理模式。

（3）自组织理论

自组织（self-organization）最初源于自然科学领域的热力学概念，后衍生为解读自然与社会复杂系统有关现象的认知路径，是帮助打开复杂系统世界的"钥匙"。自组织既是复杂系统的重要组成部分，又是一种新型治理机制。清华大学罗家德教授（2017）指出，社区营造旨在促成社区善治，其理论内核源于治理理论下的自组织理论。他从"社区自组织+"的概念出发，阐明了社区自组织的缘起、内核及理论基础。自组织强调社群自愿地聚在一起，以社群内部人人互信为基础，积极响应社群的集体行动需要，并借由自定规则、自我管理来推动与管控集体行动。

社区，是与日常生活关系最为密切的载体，应遵循创造幸福、可以持续的逻辑。基于亲情、友情、邻里情等情感连接，自组织可成为社区营造的基础。社区营造的基本原理正是源于自组织治理理论，在社区内营造出互信合作的人际关系，使集体行动在可持续的同时又带来公共效益。

3.2.2.2 社区营造方法

就社区营造的实践而言，从本质上看是一种社区培力的过程。贺霞旭（2020）在《乡村社区营造的理论与实务》中指出，通过社区培力，可促使社区形成其自身的社区能力，使得多数居民能够对于社区未来的走向有着共同意识而产生集体行动来提升或改变现况，从而实现实务操作、社区网络关系经营和维护、精神和价值层三个层次的递进。

社区营造的目的不只是营造社区，更重要的是营造融洽、健康、可持续的人际网络，带动社区居民的自发积极性与主观能动性，引导其共同参与到公共服务中来，协同解决社区问题。罗家德教授认为，该过程需要借助社区营造的方法论，其主要涉及社区社造化、组织社造化、行政社造化三方面内容（图3-7）。

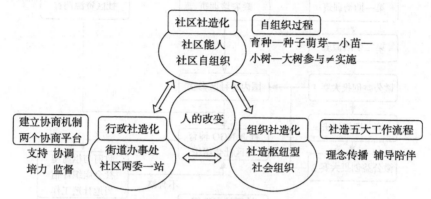

图 3-7　多元参与，共同营造——三个社造化

（依罗家德，梁肖月等《社区营造的理论、流程与案例》改绘）

（1）社区社造化

社区社造化旨在以自组织过程理论为指导，促成社区居民自组织、自治理与自发展，其运作机制（过程）如图3-8所示。

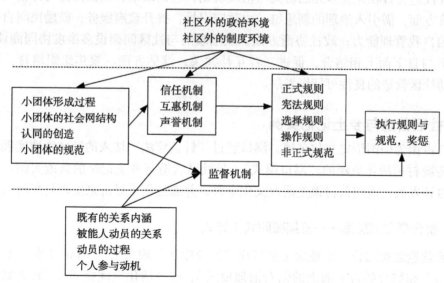

图 3-8　社区社造化运作机制（过程）理论架构

（依罗家德，梁肖月等《社区营造的理论、流程与案例》改绘）

（2）组织社造化

组织社造化包括社区资源调查、社区营造培训、微公益创投、辅育社区社会组织、组织评估5个步骤（图3-9）。

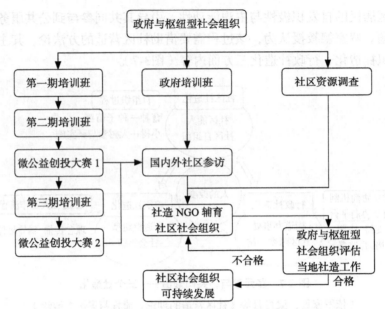

图 3-9 组织社造化工作流程示意图
（依罗家德，梁肖月等《社区营造的理论、流程与案例》改绘）

（3）行政社造化

行政社造化旨在建立多元的协商与治理机制，包括政策、政社协商与评估三方面内容。政策方面，需引入治理的新思维，由政府引导，提升政府服务，鼓励民间自发，提升社区的自我管理能力；政社协商方面，鼓励政府与社区间架设多维度协同商议通道，自上而下与自下而上相结合，促进二者互补共荣；评估方面，聚焦组织培育，以评促建，推动社区营造的良性可持续发展。

3.2.3 社区营造与乡土记忆实例

嵩口古镇为中国历史文化名镇。嵩口通过"针灸疗法"切入的社区营造实践，成功打造了传统村镇活化更新的"嵩口模式"，是社区营造与乡土记忆的典范实例。它能活跃传统村镇发展，重塑其村镇生活及文化意象，并通过创意经济来实现复兴转型。

3.2.3.1 整合型文创思维——首期顾问式主导式

社区营造之初综合一个理念（系统化"针灸疗法"理念）、一种治理模式（"自主"与"参与"相结合的自下而上的创新治理模式）、两种活化空间模式（"新老共生"及"记忆性与在地生活"的空间表达模式），以及一种运作模式（"跨界整合、产业激活"的文创经验运作模式），实现了空间的活化更新、居民的在地意识构建及地方认同感的重塑。

（1）顶层规划引领

"打开联合"团队在政府的协助下，与有关部门无缝协作，以问题为导向，聚焦古镇的经济衰败、人口流失等现实性问题，从顶层规划层面出发，制定嵩口古镇的总体文化规划体系，确立一个理念、一种治理模式、两种活化空间模式、一种运作模式的总体思路。

（2）空间活化先行

整体控制与重点示范相结合，按照先濒危后一般、先抢救后建设的原则，选择直街（图3-10）、横街（图3-11）、鹤形路（图3-12）等重点街区先行修缮改造，以线带面实现空间激活；后又运用"针灸疗法"，组织实施了松口气客栈、电影庙（大埕宫）等32个关键节点的更新改造，基于嵩口乡土记忆完成了活化更新的创意。

图3-10 直 街

图3-11 横 街

图3-12 鹤形路

（3）持续多元营生

基于前述的规划、营造两部分内容，统筹协同社区营造的"人""文""地""产""景"五大板块，持续开展多元营生，构建"规划——营造——营生"的社区营造活化更新三部曲。以一种规划、营造、营生的整合性经验，以原创性的行动方式，透过不同的时空进行组合再创新。它不是单一的、单点的，而是文化、社会与经济等多元"整合控导"的创新路径。从成效上看，日渐增多的文旅客流、热闹繁华的赶圩节庆、新旧相融的乡土韵味正是嵩口古镇欣欣向荣、蓬勃发展的真实写照。

3.2.3.2 内外聚力机制——二期"公导民办"主导式

受首期社区营造创新理念的启发，政府制定了"公导民办"的协同创新行动方式，在全镇范围内遴选优秀庄寨列入保护名录，作为社区营造活化行动的主要关注对象。

以"嵩口古镇如何再创新"这一问题为导向，当地政府提出组建政府引领、村民参与、公导民办的"在地化行动团队"，瞄准实现乡村创意经济与产业化这一目标，遵循"庄寨创造文化，文化再造庄寨"的理念，综合专家、学者、政府、村民等内外多元能人力量，自下而上与自上而下相结合，塑造在地化可持续创新引擎，共同完成活化的目标任务。爱荆庄荣获2018年联合国亚太地区文化遗产保护优秀奖。

3.2.3.3 倒逼创新转化——三期"会议事件"介入式

自成立永泰庄寨峰会项目机构开始，以"会议事件"为引爆点，通过召开"乡村复兴论坛·永泰庄寨峰会"会议，倒逼村镇建设，对接资源交易，依次开展了各种活动。

"乡村复兴论坛·永泰庄寨峰会"以"永泰庄寨，老家的爱"为主题，通过设立综合、民宿集群、文创、乡村治理四大板块，综合运用"文化创意产业""本地传统产业再创新"等运营方式。一方面形成标准，倒逼机制；另一方面以"标杆嫁接"运营项目，促进业态升级。近年来，嵩口聚落活化的庄寨修复数量、文创产品行销及活动策划等各方面数据全方位增长，已形成一定的规模与品牌效应，有效实现了"在地营销"的目标。

3.3 民族聚居文化

中国是个多民族的大家庭，各民族在长期历史发展过程中，形成了多姿多彩的民族聚居文化。本节主要介绍少数民族传统聚落聚居文化（以畲族、土家族为例）及汉族聚居文化。

3.3.1 少数民族传统聚落聚居文化

3.3.1.1 畲族传统聚落聚居文化

畲族是南方典型的游耕散居型少数民族，现阶段总人口70余万，主要分布在我国福建、浙江、江西、广东、安徽等省的山地丘陵地带。目前，浙江省丽水市景宁畲族自治县（以下简称景宁县）是我国唯一的畲族自治县，是畲族人口分布相对集中的重要聚居区域，也是华东地区唯一的少数民族自治县。

景宁畲族各姓宗谱均称祖籍是广东潮州凤凰山，最早迁入的一支距今已有1200多年的历史。明清时期是畲族大量迁入景宁的时期，主要由闽东迁入。畲族聚落的地域性特征以其空间结构特征及乡土景观核心要素为主要表征，充分展示了其独特的少数民族聚居文化。

（1）分布格局

由于"刀耕火种"的生产生活方式，畲族传统聚落呈"大分散、小聚居"的分布特征。景宁县畲族人口占30%以上的主要行政村达32个。畲族传统聚落大多集中在距景宁县城东南5km的环敕木山一带，上述32个畲族行政村中有11个环绕在敕木山山腰与山脚处，占比达34.38%。这些畲族传统聚落均有较长的人居环境营建史，是世代畲民与地区自然环境长期人–地相互作用的结果，具有非特异营造、无明确主次关系的"日常性"，着重反映人与环境"此时、此地"互动关系的多样性与可变性，是畲族传统聚落聚居文化的外化景观表征。

（2）典型畲族传统聚落乡土景观

畲民中相传着"牛眠地处好风水"的聚落选址说法，这成为畲族聚落选址的重要依据。"牛眠地"其实就是中国传统聚落选址布局理论中所指的"背山面水、负阴抱阳"之地，这使"枕山、环水、面屏"成为畲族传统聚落选址与营建的理想模式。在封建社会，"刀耕火种"的畲民属于游耕迁入的少数民族，加之畲民出于抵御侵袭及维持宗族聚居的考虑，所以聚落多选址于山腰坡谷与山脚河谷。敕木山海拔1500m左右，分布有众多山溪性河流，生态环境良好。在上述自然条件、社会条件及文化条件的影响下，敕木山成了畲族传统聚落相对集中的重要区域。

①大张坑村　位于景宁县东南部敕木山南部海拔750~1100m的山间峡谷，山多田多、人口密度较低。

聚落景观格局方面：大张坑村具有典型的山中坡谷景观，其景观格局可归纳为"自然山林–竹林–梯田–村庄–梯田–溪流–梯田–自然山林"的复层结构（图3-13）。景观类型以梯田景观、山林景观为主。村庄背后的自然山林与竹为天然原生植被，构成了该畲族乡土聚落的生态背景林。村庄沿冲沟溪涧两侧相对平坦处布置，其上下的原生山林均被开垦为梯田，延绵至山脚处溪流的岸边及对岸的部分山林。梯田中主要种植水稻、甘薯、大豆、烟叶等各类农作物及经济作物。

聚落形态方面：大张坑村属于山地聚落中的复合式团块聚落，地处中等海拔高度的山间坡谷与山涧溪流汇集之地，灌溉便利、排水通畅。各个畲民居住生活的畲寮顺应地形山势，沿着等高线逐级升高分层起寮并以2条山溪作为村落的发展轴线，形成3条沿等高线分布的带状畲寮群，共同组成了一个复合式团块聚落。相对单一的雷姓畲民聚居，形成了稳定的传统宗族聚居地。

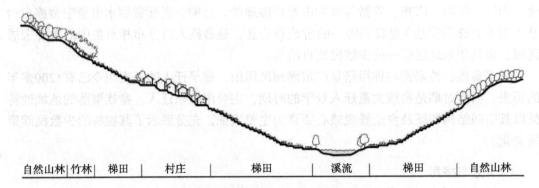

|自然山林|竹林|梯田|村庄|梯田|溪流|梯田|自然山林|

图3-13　大张坑村景观格局剖面示意图（任维　绘）

土地利用方式方面：大张坑村为"梯田-竹林-木材林"相结合的土地利用方式，目前整个村庄的农业生产与经济生活水平正处于稻米时代向茶叶时代的转型时期。梯田为山地丘陵梯田，构成了聚落田间景观的主体。

②东弄村　位于景宁县城东南部敕木山东部海拔350～550m的山脚河谷，山多田少，人口密度适中。

聚落景观格局方面：东弄村具有典型的山脚河谷景观，其景观格局可归纳为"自然山林-竹林-茶田-梯田-村庄-梯田-溪流"的复层结构（图3-14）。景观类型以竹林景观、茶田景观、梯田景观为主。村庄背后的自然山林与竹林为天然原生植被，竹林下层为栽植于部分梯田之上的茶田。村庄沿溪涧两侧相对平坦处布置，其上下的原生山林均被开垦为梯田，种植水稻、甘薯、大豆、蔬菜、食用菌等各类农作物及经济作物。

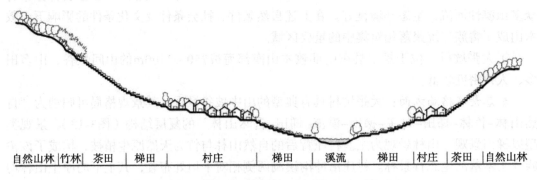

|自然山林|竹林|茶田|梯田|村庄|梯田|溪流|梯田|村庄|茶田|自然山林|

图3-14　东弄村景观格局剖面示意图（任维　绘）

聚落形态方面：东弄村属于河谷聚落之中的带状聚落。地处较低海拔高度之上的山脚河谷与山涧溪流汇集之地，水土资源丰富，整体形态呈袋状。地处山谷之中，建筑密度由村口向内逐渐增大。从心理层面考虑，聚落主体居于谷内深处，面向水流方向，依着山势走向，坐南朝北，守望着村口，也是当年进出小村唯一的出入口，不仅有利于村寨自卫，而且避免了因逆向山川河流带来的压迫感，符合人类心理防御的需要，更有安全感。重要的宗教文化建筑汤三公庙与蓝氏宗祠独立于各个畲民居住生活的畲寮，分别坐落于聚落西部半山腰的山坳。畲寮顺应地形与山势，沿着等高线逐级分层起寮并以数条山溪作为聚落的发展轴线，形成2条沿等高线分布的带状畲寮群，组成相对集中的复合式带状聚落。相对单一的蓝姓畲民聚居形成了稳定的宗族聚居地。

土地利用方式方面：东弄村为"梯田-茶田-竹林-木材林"相结合的土地利用方式，目前整个村庄的农业生产与经济生活正处于茶叶时代的快速成长时期。梯田为山脚河谷梯田，构成了聚落田间景观的主体。

③畲族传统聚落聚居文化的景观表征

空间结构特征方面：传统畲族聚落是畲民独特的生产生活方式与自然丘陵地长期相互作用的产物，普遍具有顺应山形地势垂直分布的"林-寮-田-水"复层空间结构特征，进而形成了沿等高线由上至下的3个主要空间结构单元：林——生态林地单元，寮——聚落生活单元，田与水——梯田生产单元。这3个主要空间结构单元与外界自然生态系统紧密结合，通过物质与能量的垂直循环，形成一个生态可持续的有机空间结构系统。

核心要素方面：传统畲族聚落乡土景观具有3个核心要素，即敬畏自然的生态思想、顺应环境的空间结构及健康完善的物质能量垂直循环。敬畏自然的生态思想是世代畲民信奉的朴素生存哲学，促使畲民善待聚落所依托的生态基底，合理开发与利用各类自然资源，维持聚落的可持续发展；顺应环境的空间结构是畲民顺应山形地势的垂直分布而构建的"林-寮-田-水"复层空间结构系统，形成上、中、下3层相互依存的生态林地单元、聚落生活单元与梯田生产单元，成就了独具畲族特色的空间结构特征；健康完善的物质能量垂直循环是聚落在上述两者的基础上形成的良性结果，是聚落与自然基底之间交换互动、密切关联的重要保障。

3.3.1.2　土家族传统聚落聚居文化

土家族是一个历史悠久的少数民族，主要分布在我国湖南、湖北、重庆、贵州等地的山地丘陵地区，人口总数约960万。贵州省遵义市凤冈县新建镇长碛古寨是土家族传统聚落的典型代表。

长碛古寨位于贵州省遵义市凤冈县新建镇东北部的黔中丘原地带，始建于元末明初，村域面积近33km²，总人口500余人，以土家族为主，被列入第三批中国传统村落名录，以及第三批中国少数民族特色村寨。

①聚落景观格局与民居建筑方面

聚落景观格局：古寨环山抱水，寨周山丘起伏、林木葱郁，寨内平坝相间、地势平缓，可谓"背山环水而居，山水田园辉映"，是黔北地区土家族传统村落选址、村落空间结构成型的良好典范。洪渡河绕寨而过，山水风景秀美，素有"金盘玉水"的美誉。长碛古寨传统聚落具有"山-水-田-寨"的空间格局。青山、绿水、田园、古寨相互依托，充分展现了土家族人与自然和谐共融的乡土人居文化，塑造了古寨独特的自然聚落格局。

民居建筑：古寨内拥有风貌保存良好的60余座民居古建筑，多为台地合院形式的青瓦木楼，颇具黔北民居的典型乡土特色。

②乡土聚居文化方面 古寨历史悠久，文化底蕴深厚，寨门建筑宏伟、做工美观，嘉庆"圣旨"旌表、龙泉知县题联"谢氏节孝坊"、光绪年间"禁止捕鱼古碑""朱氏宗祠"尚存，"上衙下衙""回音壁""打板沟"等形成了靓丽的人文景观。地方戏和人文景观比较丰富，主要包括农耕文化与花灯戏文化。

农耕文化：古寨山水环境优美、土地平坦肥沃，朱氏一族在此世代繁衍，创造了独具地域特征的男耕女织、渔樵耕读的农耕文化。

花灯戏文化：为民族特色文化，由男角"唐二"与女角"幺妹"成对表演，同时采用锣鼓伴奏，气氛热烈。

3.3.2 汉族传统聚落聚居文化

汉族传统聚落分布广泛，类型多样，在各类不同的地理单元中表现出了丰富的民族聚居文化。对这些各具特色的传统聚落而言，有一点是其共同的聚居文化，即源于传统人居智慧的生态适应性文化，可从其传统聚落的水系统组织规律中寻找依据。汉族传统聚落是这一生态适应性文化的典型代表，在其建设过程中，生态适应性文化表现为：与所处的自然环境直接相关，能有效调蓄并净化地表径流的总体空间形态、水系统构成要素、生产生活方式及其之间的组织规律，是极具地域乡土文化特征的宝贵人居生态智慧。

汉族传统聚落的水系统组织规律，集中体现了当地居民根据自身生活方式、生产需要、审美观念等，结合本地自然条件因材致用地创造和营建生活空间的过程。挖掘、借鉴和运用传统聚落乡土聚居文化中的水系统组织思想与方法，对乡村振兴与美丽中国建设具有重要的理论价值和实践意义。

3.3.2.1 生态适应性

传统聚落的生态适应性，实际上就是生态系统通过自我调节，主动适应环境的动态过程。只要环境变异程度在该系统适应能力的阈值范围内，系统总能保持动态平衡从而协调发展。汉族传统聚落中与自然环境，尤其是水系统构成要素的组织方法可以分为三个层面：

①聚落选址与空间形态；

②建成环境内具有调蓄、净化地表径流功能的水系统构成要素，以作为线性要素的水圳和点状要素的水塘为代表；

③院落内的雨水处理方式。

同时，对水资源的综合利用还与当地居民的生产生活方式密切相关。以下选取的案例包括福建、湖南、安徽的传统聚落，在这些多雨地域的传统聚落营建中，水系统的构建显示出共通的设计思想和灵活的组织方法。

3.3.2.2 聚落形态与自然环境的关系

基于水源的易得性、聚落的领域感及生产技术条件，传统聚落往往选址在靠山面水的位置，山上森林涵养水源，聚落有所倚靠；低处土壤肥沃的地方作为农业生产用地。聚落整体遵循原始水文状况，有源有流，在长期的演变中形成了与整体生态环境相适应的空间形态。

以安徽黟县宏村、福建连城培田古村落、湖南郴州板梁村为例，这三处聚落皆是背山面水的典型，聚落规模控制在山环水绕之中，总体排水方向自山体过聚落排入水中。然而三者在总体形态与自然环境的适应中又有着具体差异。

安徽黟县宏村，北枕雷岗山、西侧邻水，地势北高南低。若单纯顺应原始地形，将聚落用水直接排入南部田地，地面冲刷强度大，携带杂质多，水质较差。因此，在南部、中部建大小水塘各一个，对径流进行有效受纳，同时形成聚落排水与西侧水系的过渡关系（图3-15）。

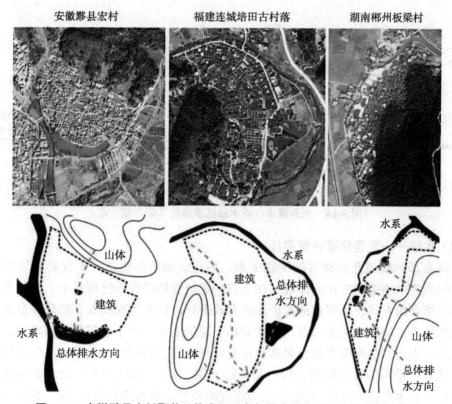

图3-15 安徽黟县宏村聚落总体空间形态与排水组织分析（张雪葳 绘）

福建连城培田古村落与湖南郴州板梁村均处于背枕靠山、溪水环绕的自然环境中。培田古村落规模相对较大，聚落空间呈现面状的发展趋势，而水系较窄，水量较少。因此，在聚落东南部分挖湖蓄水，将聚落用水有规律地导向东南角水塘，通过水塘的滞留、周边用地的缓冲将过滤后的居民用水排入水系。板梁村地势东南高、西北低，坂溪自南向北绕村而过，聚落空间呈明显的沿水线性，总体排水方向沿三处水塘分为上、中、下三路，通过溪水流动达到自净效果。

3.3.2.3 聚落水系统构成要素及其生态意义

在确定聚落总体排水方向后,实现水系统组织目标的具体构成要素有:天井、水圳、水塘与农田。

(1)天井——基础调蓄单元

在我国传统聚落中,院落结合了实体的居住空间与有审美或生产意味的园林,具有特殊的含义。在汉族传统聚落中,基本采用内排水的方式调蓄院落内部的降雨。下雨时,四周屋面流水经过屋檐排入天井,再经过天井四周地沟排入通向河道的沟渠,即所谓的"四水归堂"。这些汇集起来的水,通过暗沟排至建筑外环境中的水系,或者注入室内的集水井、沉水缸以供生活使用(图3-16)。

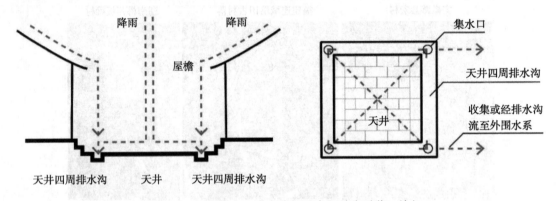

图3-16 天井蓄水、排水路径示意图(张雪葳 绘)

(2)水圳——地表径流有效路径

建筑布局与街道互为聚落的图底关系,而传统聚落的街道,不仅具有居民交通功能,同时成为水路组织方式的体现。在具有一定规模的汉族传统聚落中,往往采用道路与水圳相结合的方式,达到对地表径流的有效引导,进而实现洗衣、灌溉等多重功用。

水圳指人工构筑的引水水道,往往紧贴于建筑墙体,介于建筑与道路之间。水圳的整体布局、走向和结构既要符合聚落总体空间形态和自然环境的关系,又要满足居民的灌溉、洗衣、排污等日常使用,以"平、近、深、急"为佳。"平"指水面与建筑基础大致相平,取水方便;"近"指引水点与建筑距离近,取水路程短;"深"指水位深度要满足一次打水的水量要求;"急"指宜有一定流速以促进排污,保持水质清洁。

(3)水塘——水系统调蓄节点

水塘作为聚落内部水量调节的关键,主要起着缓解水势、蓄积雨水、养殖水产、灌溉与洗涤等作用。就较大规模的汉族聚落而言,水塘往往置于聚落中心位置,从而运用最短的时间对聚落内部的水量进行有效调蓄。就一般规模的汉族聚落而言,水塘位置一般选择在聚落外低水位处,通过对自然地形的改造形成:一是聚落内部硬化有限,水量不大,对水量调蓄的时效性要求不高,水塘外移简化了设计流程,通过增加径流路径上的过滤设施（如滤网等），在聚落内专注于对径流的净化过滤功能；二是为了将水塘作为灌溉用水的储蓄点，以方便农业生产。

（4）农田——重要过滤净化设施

在汉族传统聚落的整体形态中，大面积的农田往往占据着聚落外部的主要空间。农业生产是传统社会的支柱，而农田恰恰是聚落水系重要的净化过滤设施。借助灌溉渠系，从聚落中排出的废水，携带生态肥流入农田，肥力被农作物逐渐吸收，提高了水资源的利用效率，促进了农业生产，从而在聚落与自然环境的水肥循环之间趋于平衡。

3.3.2.4 聚落水系统组织规律

（1）水系统构成要素组织规律

根据水源类型，水系统构成要素的组织规律大致可分为两类：一是降雨，包含了降雨到院落，通过天井与排水沟引流至建筑外部空间，或降雨到传统路面，随着道路或者水圳过水塘逐级进入聚落外部自然环境，如农田或河流；二是生活用水，包括从建筑内部排水沟排至建筑外部空间，或者通过浇灌菜地后，借由溪流灌溉农田，层层过滤至外部河流的模式。

（2）具体案例

以宏村水系统构建为例，宏村人工水系自西北西溪取水，通过水圳伴随古村落主要道路供居民使用。根据宽度，宏村水圳可分为大圳、小圳两部分，大圳自西北角向南流入南湖中部，包括了上圳、中圳、下圳三段。宏村水圳以清晰的布局方式达到了对用水公平性、便捷性的需求。月沼作为全村中心的水塘，是上、中、下三段水圳的调蓄中心，能够及时反映水流情况，具有明显的风水意味，同时承担着防火功能。南湖实际面积约20 000m^2，湖深1.5~1.8m，作为调蓄终端，大部分排水用于灌溉。

培田古村落的水系统构建与宏村极其相似。培田古村进水口为西北角雷公泉，全村圳道分为西、中、东三部分，三股水流汇聚于东南角出水口，经总排水渠引流，于水塘静置过滤后缓缓流入农田。

板梁村的水系统则像是宏村与培田古村落的变体。水圳同样分为上、中、下三部分，但由于村落呈现明显的线形，三股水流分别流入各自隶属的月塘，而后汇入坂溪，浇灌农田。

水是聚落空间形态的重要决定要素，水系统构成要素的组织方法与聚落中人的交通、生活、生产耦合。水不仅在聚落生态环境中起到至关重要的作用，同时塑造着聚落的精神空间，串联起人们的社会交往，泽被传统农业生产，构建了重要的乡土聚居文化。水作为一种宝贵的资源，也是传统人居环境中最经典的审美意象。

古代传统治水思想的中心"导之"，指的是顺应水的物理、化学性质，在生态自净的允许范围内，通过对水系的引导，在满足聚落日常生活取水、浣洗、排污、引流、积蓄、灌溉需要的同时，完成对净水的利用、污水的排出、水道中的初步自净，对聚落整体排水的滞留、沉降。最后，在利用水肥的同时完成聚落的水循环，结合水系调节聚落小气候，达到水资源的最充分利用。

在传统社会技术水平有限情况下，聚落营建往往将聚落归属于所处的自然环境，作为整体生态系统的一个组成部分，从选址到建设都遵从朴素的生态观的指导，模拟自然做功的效果，最大程度地降低对原始自然环境的影响。传统建造材料具有良好的透气性，一定程度上也缓解了人类活动与原始自然间的斥力。在现代社会，人类的科学技术水平愈加发达，更应该向前人学习与自然的相处之道。应当在有效管理的前提下，从乡土文化与传统手法中寻找自立之根。

小　结

本章从传统乡土聚落、社区营造与乡土记忆、民族聚居文化三个方面系统讲述了乡土聚居文化，通过本章的学习，学生可以系统地掌握乡土聚居文化的相关背景与理论知识，并熟悉相关的典型案例，这有助于学生树立正确的乡土聚居文化价值观。

思考题

1. 试述不同地理单元下乡土聚落文化表达的差异。
2. 试述文创思维如何衔接社区营造与乡土记忆。
3. 试述少数民族与汉族聚居文化的异同。

推荐阅读书目

1. 中国人居史. 吴良镛. 中国建筑工业出版社，2014.
2. 嵩口模式. 中共福州市委宣传部，永泰县人民政府. 福建人民出版社，2018.
3. 家园的景观与基因：传统聚落景观基因图谱的深层解读. 刘沛林. 商务印书馆，2014.

第4章 乡土民俗文化

乡土民俗文化，作为一种地域性的文化形态，深深扎根于我国广袤的土地上，它既是历史长期发展的积淀，也是人民世代相传的集体智慧的结晶。乡土民俗文化源自民间，传承于民众，通过一代又一代的传承与发展，逐渐形成了各具地方特色的文化体系。这些习俗和传统，既是人们对生活的热爱和追求，也是对历史的尊重和传承。

4.1 乡土民俗概述

乡土民俗体现在人们的日常生活中。从饮食习惯到建筑风格，从服饰装扮到婚丧嫁娶，无不透露出浓厚的乡土气息。乡土民俗所涵盖的生活习俗、游艺习俗、信仰民俗、节庆活动等，不仅是一种活动，更是一种深层次的精神内涵。作为我国传统文化的重要组成部分，乡土民俗是人民群众精神世界的反映，承载着丰富的历史和文化内涵，是我国传统文化中宝贵的精神财富。

4.1.1 民俗及乡土民俗

作为语汇，"民俗"一词很早就出现了，如《管子·正世》中"料事务，察民俗"，《礼记·缁衣》中"故君民者，章好以示民俗"，《史记·孙叔敖传》中"楚民俗，好痺车"，《汉书·董仲舒传》中"变民风，化民俗"。此外，还有不少意义与其相近的词，如"风俗""习俗""民风"等。

作为学术术语,"民俗"是英文"folklore"的意译,这个词是由英国学者威廉·汤姆斯(William Thomas)于1846年创用的,他将撒克逊语的"folk"(民众、民间)和"lore"(知识、学问)合成一个新词,意为"民众的知识"或"民间的学问",既指民间风俗现象,又指研究这种现象的学问。

民俗作为乡土文化的重要组成部分,通俗地说就是民间风俗习惯,是一个民族或一个社会群体在长期的生产实践和社会生活中逐渐形成并世代相传、较为稳定的文化现象。民俗起源于人类社会群体生活的需要,在特定的民族、时代和地域中不断形成、发展和演变,为民众的日常生活服务。民俗一旦形成,就成为规范人们行为、语言和心理的一种基本力量,也是民众习得、传承和积累文化创造成果的一种重要方式。

乡土民俗作为村民千百年生活中习焉不察的重要组成部分,是人们在长期的生产、生活及社会实践中创造的语言和行为模式,或者说是民众共同创造和遵守的行为规则。它与当地的政治、经济、文化等相互交融,同时规范和指导人们的生活。

4.1.2 乡土民俗类型

乡土民俗作为民众喜闻乐见和约定俗成的民间文化,一直以来都与民众的现实生活和精神生活息息相关。不同地域、不同民族和不同国家的乡土民俗都有独特的表现形式。

确定乡土民俗的范围与分类,是为了建立认识乡土民俗、描述乡土民俗的理论框架,以乡土民俗事象归属的生活形态为依据来进行逻辑划分,本节采用的是三分法,即物质生活民俗、社会生活民俗、精神生活民俗。

4.1.2.1 物质生活民俗

(1)生产民俗

生产民俗是指农业、渔业、采掘、捕猎、养殖等物质资料初级生产方面的民俗。

(2)生活民俗

生活民俗是指乡村衣、食、住、行等物质消费方面的民俗。

(3)工商业民俗

工商业民俗是指手工业、服务业和商贸诸业等物质资料加工服务方面的民俗。

4.1.2.2 社会生活民俗

(1)社会组织民俗

社会组织民俗是指家族、村落、社区、社团等组织方面的民俗。

(2)岁时节日民俗

岁时节日是指随着季节、时序的变化,在人们生活中形成的不同的民俗现象,主要是与天时、物候的周期性转换相适应,并且在人们的社会生活中逐渐形成的,具有某种风俗活动内容的特定节日。

（3）人生礼俗

人生礼俗是指诞生、成年、婚姻、离世等人生历程方面的礼俗。

人生礼俗是一个人在其生命过程中所经历的、与各种社会地位转变相关的民俗仪式。这些仪式贯穿了人们的诞生、成年、嫁娶及离世等重大时刻，是传统文化内涵、价值及运行机制的集中体现。人生礼俗是一种社会文化现象，它不仅体现了人们对生命的尊重和珍视，也传递着社会的价值观念和道德规范。

4.1.2.3 精神生活民俗

（1）游艺民俗

游艺民俗是指民间歌舞、戏曲、曲艺、竞技、游戏等娱乐方面的民俗。

游艺民俗是一种集娱乐、竞技、表演等多种文化形式于一体的民俗活动，涵盖了民间的歌舞、戏曲、曲艺、竞技、游戏等众多内容，是人们在闲暇之余进行娱乐和放松的重要方式。

游艺民俗具有悠久的历史渊源和深厚的文化底蕴，它反映了当地社会、经济、政治和宗教等方面的特点。这类民俗不仅能够满足人们的娱乐需求，还能够传承和弘扬传统文化，促进社会的和谐与发展。

（2）民俗观念

民俗观念是指以民间诸神崇拜、传说、故事、谚语等为代表的民间精神世界。

4.1.3 乡土民俗特征

乡土民俗作为一种复杂、综合而又相对稳定、系统而又相对独立的文化形态，不同地域、不同民族、不同国家的民俗有其自身鲜明的特征，乡土民俗共有的特征体现在以下几个方面：

4.1.3.1 传承性

乡土民俗是在漫长的历史发展过程中逐步形成和发展起来的，它从一个侧面反映了一个地区人民在长期劳动生产中创造和积累的历史、文化、传统、价值观念等，是中华民族传统文化的重要组成部分。民俗的传承性，就是一代代人将具有地域特色、富有生活气息的文化传统（如节日习俗、祭祀仪典、民间信俗等）约定俗成并不断传递下去的过程。这种传承不仅保持了文化的连续性，同时能够从中感受到历史的厚重和文化的魅力。

4.1.3.2 集体性

乡土民俗的产生，离不开人类的群体活动。随着社会的发展，部落和村镇的出现，聚落形成，人类社会出现了各种人群集合体，民俗便由这一群体不断创造、传承、完善和发展起来，形成人类社会多姿多彩的民俗文化和人文景观。由此可见，乡土民俗是一种群体智慧的结晶。乡土民俗集体性还表现在流传过程中，民俗一旦形成就会成为集体的行为习惯，并经过集体的不断补充、加工及完善，个人行为无法构成民俗。集体性还体现了民俗文化的整体意识，也决定了民俗的价值取向，这是民俗文化的生命力之所在。

4.1.3.3　地域性

我国地域辽阔、民族众多，不同民族、不同地域之间存在地理环境、自然环境、社会发展阶段等方面的差异，导致人们在生产生活方式、价值观念、风俗习惯等方面也存在着一定的差异，从而使乡土民俗呈现出地域性特点，这便是人们常说的"一方水土养一方人"。同样是冬至，在我国南方大部分地区盛行吃汤圆，取其团圆之意。每逢冬至日的清晨，各家各户磨糯米粉，用糖或用肉、菜等做馅，包成甜或咸的冬至团，不但自家食用，也会赠送友邻以表祝福之意；而在我国北方大部分地区，每年冬至日的习俗则是吃饺子。

4.1.3.4　多样性

乡土民俗是一种多样的民俗事象和风俗习惯。它不仅反映了一个地区人民在长期生产实践中创造和积累起来的历史、文化、传统、价值观念等，还表现出多种多样、丰富多彩的特点。首先，由于生产劳动的需要形成了丰富多彩、形式多样的民间文艺；其次，由于历史地理环境的影响形成了各地不同的民俗习惯；最后，风俗习惯又衍生出多种多样的民间艺术，而历史、地理和社会发展阶段等因素产生了不同程度的乡土民俗。"十里不同风，百里不同俗"说的就是乡土民俗多样性的特点。

4.1.3.5　相对稳定性

相对稳定性是乡土民俗的突出表现之一，一个民族或一个地域积累沉淀形成了自己的民俗特色，也是通过民俗的稳定性体现出来的。中国传统农耕社会，虽然多次发生大规模王朝更迭的战争，但农耕社会的基础并未动摇，几千年以来一以贯之的农耕宗法社会性质没有发生大的改变，由此围绕着农耕社会所形成的民俗得到了相对稳定的传承。

血缘关系常作为维系中国传统社会的家庭组织的基础，宗族观念对中国人的价值观和行为方式有潜移默化的作用。在年节民俗中，祭祀祖先是重要的节俗项目，元日为一年之始，在元日祭祀祖先，早在东汉《四民月令》就有记载："返本追宗，祭奠先人。"春节期间也会在祖宗牌位前上香、叩拜。例如，在海南农历正月过后，特有的祭祀祖先的"军坡节"就会在各地展开，当地人民常称之为闹军坡、看军坡。军坡节是海南独特的民俗文化，被称为海南人的庙会，是民间自发兴起的传统节日，农历二月到三月之间，便是海南汉族闹军坡的时节。海南汉族的军坡节是祭祀祖先和历史人物的传统民俗活动，主要是纪念民族英雄冼夫人。军坡节时，村中都要选一个较大的场地来"装军"演戏，贩售土特产，同时招待亲朋好友一同过节。每个地方都会有属于自己的峒主公偶像，且军坡节日期各异，所以当天会有来自其他地方的峒主公偶像来此同乐。在节日庆典中，会有"走马灯""上刀山""穿杖""下火海"等仪式及活动。

乡土民俗是一个民族、一个国家优秀传统文化的重要组成部分，具有独特的民族特色和鲜明的地域特色。乡土民俗文化是人类集体智慧的结晶，是人类社会历史发展过程中逐步形成和发展起来的，反映在传统习俗、价值观念和思维方式等方面，具有较强的历史价值和现实意义。

4.2 人生礼仪民俗

中国传统讲究"礼乐教化"。在中国的民间生活中，崇礼重仪是很重要的传统之一，把教化功能隐含在具体的礼仪形式之中，它既是中国传统文化的一个主要特点，又是人们不可忽视的生活态度。"礼"不仅体现在中国古代人民祈求幸福、祥和的仪式中，同时也融入日常生活，本质都是对生命的重视，力图通过一些仪式和活动激发人们生存的热情与快乐，并希望借助于某种力量，使生命更为坚强和充实。

4.2.1 汉族人生礼仪民俗

人生礼仪是社会民俗的重要组成部分。人生仪礼是伴随着人生历程的仪式，从仪式的程式与象征意义看，决定因素不只是人的生理变化，更是在人的生命过程的不同阶段，家庭、宗族、社会对他的认可，也是一定文化规范对他进行人格塑造的要求。因此，人生仪礼是将个体生命加以社会化的程序规范和阶段性标志，这种礼俗伴随人的一生。人生礼仪民俗有诞生礼俗、成年礼俗、婚姻礼俗、丧葬礼俗等。

4.2.1.1 诞生礼俗

在传统社会里，民众十分看重礼仪民俗，形成了一套完整的人生仪礼的民俗惯例。诞生仪礼是人一生的开端礼，我国家庭结构是以血缘关系为纽带组成的，添丁进口作为传统社会中的家族大事，不仅是家族人丁兴旺的标志，也是家族传承的实际需要，所以诞生礼仪十分隆重。

（1）求子习俗

求子习俗有向主管生育的神灵（如送子观音、送子娘娘等）祈子的习俗，也有由旁人送子的习俗。旁人送子习俗常见的形式是由亲友或特殊人物向盼望得子的家庭及妇女本人作出象征性的"送子"举动。首先是送去南瓜、鸡蛋、芋头、生菜等食物；其次是送去带有"多子多孙"寓意的吉祥物，如麒麟送子图、送孩儿灯等。

（2）孕期习俗

孕期习俗包括孕期禁忌、催生等。中国古代就十分重视孕期禁忌，如不吃公鸡，不见丑陋的人或物等。产妇临盆前还有催生的习俗，娘家要准备新生婴儿软帽（俗称"被窝帽"）、和尚衣（无领，无纽扣，用绳带系的小人衣）、包裙、口涎围、小鞋袜、尿布、红枣、红糖、鸡蛋等物，于预产月初一或十五送至婿家，俗称"催生"。

（3）庆贺生子习俗

婴儿降生，是生命旅程的开始，更加受到重视。有洗三、剃满月头、办满月酒、抓周等民俗。洗三是指孩子出生后第三天举行洗浴庆贺仪式。剃满月头（剃除胎发），不能将婴儿的头发全部剃光，而是在头顶前部中央留一小块"聪明发"，在后脑留一绺"撑根发"，其意是祝愿小孩聪明伶俐，祈盼小孩扎根长寿。办满月酒，分送红蛋、红长生果和长寿面。抓周是孩子出生以来最为隆重的仪式，孩子周岁这一天要通过抓周来预测孩子的前途。中午时分，在正厅中间摆上笔、墨、纸、砚、算盘、钱币、书籍、弓箭、针线等物品，任其抓取。抓周早在魏晋南北朝时已存在。

4.2.1.2 成年礼俗

成年仪礼是为承认年轻人具有进入社会的能力和资格而举行的。在中国历史上，汉族有男子二十岁行冠礼，女子十五岁行笄礼的规定。成年男子在冠礼之后，有参与社会活动的权利，获得娶妻生子的资格，有承担社会责任的义务。

4.2.1.3 婚姻礼俗

婚姻是维系人类自身繁衍和社会延续的最基本的形式，因此，婚姻是人生大事，向来极受重视。我国古代的婚姻观念通常有三种：一是门当户对理想择偶观，二是同姓不婚，三是异姓通婚。

中国传统婚姻讲究的是媒聘婚，即经过明媒正娶的婚姻形式。中国最早的婚礼仪式记载于《仪礼》，在周代就形成了一套烦琐的仪式流程，即"三书六礼"，三书指聘书（定亲之书）、礼书（礼物清单）、迎亲书（迎娶新娘之书），六礼指一纳采、二问名、三纳吉、四纳征、五请期、六亲迎。

（1）纳采

纳采是六礼中的第一礼，男方欲与女方结亲，男家遣媒妁往女家提亲，送礼求婚。得到应允后，再请媒妁正式向女家纳"采择之礼"。初议后，若女方有意，则男方派媒人正式向女家求婚。《仪礼·士昏礼》有："昏礼，下达纳采，用雁。"之所以采用聘雁，是因为雁的特性是顺阴阳往来，根据时节南来北往，不失其节；雁在迁徙过程中，飞成行，止成列，暗喻新妇在未来的家庭生活中遵礼守法，长幼有序。

（2）问名

问名是六礼中的第二礼，由媒人询问女方的姓名、年庚及"八字"，通过占卜、算命来看男女双方是否相冲相克。问名也称为"过小帖"或"合八字"。我国广东、海南及西南少数民族常用槟榔作为问名时携带的礼物。把女方庚帖与男方生辰做占卜，确定可以成婚之后再行纳吉礼。

（3）纳吉

纳吉是六礼中的第三礼，得吉卜而纳之。宗庙占卜，如得吉卜，遣使者向女家报告，仍用雁为贽礼，女家以礼相待。清代，纳吉一仪已融于问名和合婚的过程中。民国时期，无纳吉礼，只有简单的卜吉礼，多将女方庚帖放置于灶神前，如三日内无发生异事，则认为顺利，即可拿男女庚帖去合婚。

（4）纳征

纳征是六礼中的第四礼，也称"纳成"，即男家往女家送聘礼。《礼记·士昏礼》中孔颖达疏"纳征者，纳聘财也。征，成也。先纳聘财而后婚成"。男方向女方送聘礼，聘礼的多少取决于女方的贫富与身份。从法律意义上讲，纳征重在形式，而不在于数量，纳征的完成标志着订婚阶段的结束，是婚姻成立的主要标志之一。

（5）请期

请期俗称送日头或称提日，是六礼中的第五礼。即由男家择定结婚佳期，用红笺书写男女生庚（请期礼书），由媒妁携往女家，和女家主人商量迎娶的日期。经女家复书同意，男家并以礼书、礼烛、礼炮等送女家，女家即以礼饼分赠亲朋，告诉出嫁日期。男家行聘之后，卜得吉日，使媒人赴女家告知成婚日期。形式上似由男家请示女家，故称"请期"。

（6）亲迎

亲迎又叫"迎娶"，是六礼中的第六礼，即迎亲迎娶，通常是由新郎亲自到女方家迎娶新娘，但在山西忻州、吕梁的一些地方，也有媒人或小叔子带领迎亲队伍前往迎娶，而新郎在家坐候的。迎亲之日，"望娘盘"担先行。"望娘盘"中必有一只鹅，鹅缘出古时以雁向女方正式求婚，因雁的配偶终身专一，象征婚姻坚贞、和谐。后世以鹅代雁。

后代婚俗程序无论名称如何变化，却大致不离纳采、问名、纳吉、纳征、请期、亲迎六道仪式，婚前繁复的仪式是为了婚后婚姻关系牢固。

4.2.1.4　丧葬礼俗

丧葬礼俗（丧礼）是礼敬亡者的重要仪式，传统民俗中对丧礼十分重视。生人怀着对亡人的敬畏，谨慎而隆重地安顿亡人。古代礼仪制度中对此有细致的规定。据《仪礼·士丧礼》记载，有停尸、招魂、报丧、吊丧、入殓、祭奠、安葬等程序。人们对亡人的依恋与对灵魂的信仰，决定了人们对死者的态度，因此葬礼中禁忌很多。后世大致沿用了古代丧葬礼仪程序。

传统社会中的人生仪礼以家族为依托，个人的生死与家族生活密不可分，它既是加强家族关系的日常事件，也是体现家族力量的时机。因此，从古至今，人生仪礼往往备受人们重视。

4.2.2　少数民族人生礼仪民俗

中国是个多民族国家，55个少数民族的人生礼仪民俗多姿多彩，这里选取藏族和壮族作典型分析。

4.2.2.1 藏族人生礼仪民俗

（1）诞生民俗

①求子 在过去，无法对孕妇流产、难产及生残缺儿等现象作出科学解释，信仰藏传佛教的藏族人民便认为生育及生男生女完全是神的恩赐。没有孩子的人家，会请僧人诵念有关经文、祭祀祖先、妇女佩戴专门的护身符，每日念经、磕头、转佛塔等。

②庆贺生子 在藏族小孩生下来的第三天（女孩是第四天），亲朋好友要前来祝贺。这种活动叫作"旁色"（藏语中"旁"意为"污浊"，"色"意为"清除"），即清除晦气的活动。客人一进屋，先给产妇和襁褓中的婴儿献哈达，给产妇敬酒、倒茶；然后端详初生婴儿，对孩子的出生说一些吉利的祝福语。一般要说"次仁"（意为"长寿"），然后将各种礼物送给孩子的父母。

（2）成年民俗

在传统社会中，藏族女子成年礼的年龄有所差异。在卫藏地区，女子一般在十六七岁时选择吉日举行成年仪式。成年这天家长会请一位属相合、父母双全、有福气的同龄女性，给姑娘梳两条辫子（未成年女孩通常梳一条辫子，成年就改梳两条辫子），同时为她围上"邦典"（彩条围裙）并佩戴"巴珠"（头饰）。然后由父母、亲友及来宾向姑娘献哈达以示祝贺。仪式结束后，姑娘在三四位亲友陪同下前往寺庙朝佛，回来就摆宴招待亲友来宾，庆祝一天。这天之后，姑娘就可以参加男女之间的社交，也可谈婚论嫁，人生旅程进入一个新阶段。

（3）婚姻民俗

藏族结婚当日一大早，鸡刚叫头遍，新郎家的舅舅及亲友数人即至女方迎亲，新娘由亲戚女伴陪送。男方村邻每家赠送一桶清水，从门前依次排成长龙，最末一只桶旁，男方主人放置若干茶包，供新娘下马踏用，以此祝福新人生活美满富足。新娘下马后，由送亲人在每个桶上放一条哈达以示对村邻的感谢。新娘进门前，男方亲友用柏树枝蘸水扬酒，有时还撒麦子，以祛魔除邪。入室后，新郎家长向新娘捧敬一碗牦牛奶，祝福他们的爱情真挚纯洁。主婚人将一条哈达抛挂中柱，祈求吉祥。由主婚人念颂词向新人祝福，然后众人庆贺嬉闹，尽情歌舞。

过去，藏族通婚的原则是实行阶级内婚、血缘外婚。土司、头人等贵族只能在同阶级内通婚。如果贵族头人的子女与百姓恋爱，即被驱逐甚至处死。劳动者各阶层通婚，也受门当户对观念的影响，但在普通农牧民中不甚严格。同一祖宗的后代，绝对禁止通婚。

（4）丧葬民俗

藏族较为普遍的葬俗是天葬，也称"鸟葬"。天葬寄托着一种升上"天堂"的愿望。每个地区都有天葬场地（即天葬台），有专人（天葬师）从事此业。人死后把尸体卷曲起来，把头屈于膝部，合成坐的姿势，用白色藏被包裹，放置于门后右侧的土台上，请喇嘛诵超度经。择吉日将尸体背到天葬台，先点"桑"烟引来秃鹫，喇嘛诵经完毕，由天葬师处理尸体。然后，群鹫应声飞至，争相啄食，以食尽最为吉祥，说明死者没有罪孽，灵魂已安然升天。如未被食净，要将剩余部分拣起焚化，同时念经超度。天葬仪式一般在清晨举行，死者家属要在天亮前把尸体送到天葬台，太阳徐徐升起，天葬仪式开始。

藏族地区不论何种葬仪，出殡前都要请僧人念经以超度亡灵。丧葬结束后，四十九日之内每七日要做佛事，俗称"七期荐亡"。头一七，亲朋好友到死者家中，帮助死者亲属（包括男女老幼）洗头，以示哀悼完毕，以后每七日便要请僧人念经，到寺庙供灯添油，为死者超度。到了最后一七，举行盛大祭祀仪式，亲朋好友都前来向"超度像"献哈达，抚慰死者家属。

4.2.2.2 壮族人生礼仪民俗

（1）诞生民俗

①"拜花婆" 在壮族传统民俗中，壮族小孩诞生，流行"拜花婆"。"花婆"又叫"花神"，是壮族的生育之神，也是儿童的守护神。按照当地的说法，可爱的小生命原本就是花婆家所种神花的花朵，但这些花朵却不肯轻易到人间落户。为了让育龄妇女尽快生儿育女，让这些"花朵"早日降临人间，壮族人在婴儿出生之前，会举行一种"安花""架桥"仪式，即给花朵架一座"桥"，好让他平安渡河，到达求嗣之家。"安花"一般是请道公或师公敬祀花神。仪式当中，要做几朵绢花，绑在一根棍子上做成花柱，然后请一位多子多福的男性老者扛着，把花柱安放在求嗣妇女的卧室门口，这位老人同时被认作义父。小孩出生后，人们更是要感谢和敬拜"花婆"。届时，人们要特意在产妇的床头墙边立一个"花婆"神位，并扎上一束野花。以后，小孩若遇病灾，其父母就要及时给"花婆"上供，并在象征小孩的花朵上除虫淋水，以免除灾病，让小孩平安健康地成长。

②满月"逛街"习俗 满月那天早晨，外婆家的亲友便拿着精致的壮锦背带、衣服、鞋袜、裸巾等礼物前来祝贺。这时，婆家早已准备好了水圆、糕点之类的食品，迎接客人。在场的人，无论是谁，或多或少都要吃些水圆，表示家庭和睦、生活美满。然后，由穿戴一新的十三四岁的少女用崭新的背带背着小孩去"逛街"。出门前，老人们要送给少女一把伞，表示小孩长大了有胆有识，能出远门，走南闯北，风雨无阻。同时，要将几张纸或几页书放在小孩的怀抱中，以示婴儿长大后知书达理。另外，还要将几根小葱放于背带中，寓意小孩聪明伶俐，长大成才。逛街仪式结束，主人家才正式大宴宾客，同贺一番。

（2）婚姻民俗

壮族婚礼按传统习惯大体包括提亲、定亲、接亲、送亲、成亲、回门等过程。

①提亲 聘请能说会道的已婚男女两人。提亲由两位媒人带着男方家做的糍粑、喜饼、喜糖，到女方家说亲。

②定亲 先由所聘媒人带着鸡一对，酒、肉、糯米各四五千克及定婚礼钱，到女家定亲。

③接亲 男方按商定的彩礼备齐猪肉八十千克，白酒四五十千克，饵块五十余千克，

礼金若干，送到女方家，并由媒人领着一对身着盛装，手提着腊肉、米花、首饰及各种贵重物品的漂亮姑娘到女方家接亲。

④送亲　送亲要有陪娘一对。陪娘的条件是外表美丽且兄弟姊妹多的未婚女子。

⑤成亲　壮族举行婚礼选择吉日吉时，壮族女子出嫁日由媒婆、送嫁婆帮其梳头。新娘则边唱"哭嫁歌"，从早上哭到离开娘家，视为答谢亲友的感情流露和心灵表白。"哭嫁"是流传于壮族农家的一种婚嫁习俗。

⑥回门　新婚第三天，新娘早起挑井水倒入厨房水缸中，办一桌酒席，请家族近亲、村老、厨师入席，新娘领送亲者向入席客人敬酒表示感谢。

传统壮族农村地区普遍存在婚后"不落夫家"的习俗，即结婚两三年或怀孕后才长住夫家。

（3）丧葬民俗

①报丧　壮家有人死后，家人立即燃放大爆竹三响，向村人、亲朋们报丧。同时，派人向外家及至亲者报丧，请道公来做道场，着手办理丧事。

②洗礼　儿女及最亲者给死者擦洗完毕，俗称洗礼。死者口里放一枚银圆，俗称含金。男性死者拿把扇，女性则握巾，意为让其干净体面地去到另一个世界生活。

③入殓　儿女到齐，由道公择定吉时，便举行入殓仪式。

④停丧　日期一般3~5天。孝男孝女守候在棺边痛哭，以示忠孝，道公日夜念经文，超度亡灵。

4.3　乡土节日民俗

传统节日是一个民族个性与历史记忆的集中展示，中国传统节俗具有丰富的内涵，节日民俗的发展与演变，是一个历史文化积淀的过程。在漫长的历史进程中，有民众情感的沉淀，有神话传说及民间信仰的渗入，有生产生活风俗的融合，共同构成了具有鲜明特色的节俗文化。不仅体现在各类节日庆典中所展现出的独到方式和丰富内容，同时体现在一系列特定内涵和形式的活动中，是民俗与地域文化最具仪式感的存在，反映着人们对自然、社会、人生及宇宙万物的基本认知和态度，表现出了人们对和谐、美好生活的追求与向往。

4.3.1　春节

在中国，春节是最隆重的传统佳节，俗称"年节"，是集除旧迎新、拜神祭祖、祈福辟邪、亲朋团圆、欢庆娱乐和饮食为一体的民俗大节。从小年开始，人们就开始"忙年"。春节传统民俗活动包括扫尘、贴春联、吃团圆饭、守岁、给压岁钱、闹元宵等，到正月十五元宵节结束。

（1）扫尘

腊月二十四，扫尘（也称扫屋）的习俗，因"尘"与"陈"谐音，年前扫尘有"除陈布新"的含义。扫尘用意是要把一切穷运、晦气统统扫出门，以祈求来年清洁、吉祥。

（2）贴春联

春联也叫门对、对联、对子、桃符等，它以工整、对偶、简洁、精巧的文字描绘时代背景，抒发美好愿望。

（3）吃团圆饭

团圆饭又称年夜饭、年晚饭、团年饭，特指除夕夜的阖家聚餐。吃团圆饭前祭祖，待祭拜仪式完毕后才开饭。席上一般有鸡（寓意有计）、鱼（寓意年年有余）、蚝豉（寓意好市）、发菜（寓意发财）、腐竹（寓意富足）、莲藕（寓意聪明）、生菜（寓意生财）、生蒜（寓意会计算）、腊肠（寓意长久）等以求吉利。

（4）守岁

除夕守岁，有的地方（如豫西）叫"熬年"，也是重要的春节活动之一。守岁有两层含义：年长者守岁为"辞旧岁"，有珍爱光阴之意；年轻人守岁，则是为延长父母寿命。

（5）给压岁钱

压岁钱也称"压祟钱""压胜钱""压腰钱"，除夕吃完年夜饭，晚辈向长辈拜年，长辈向晚辈分赠钱币来压岁，意在驱逐邪祟。

（6）闹元宵

元宵节又称"灯节""上元节"，堪称中国民间的狂欢节。每年正月十五这天人们会举行舞龙、舞狮等活动来庆祝元宵佳节，全国各地也会举行元宵灯会、猜灯谜等活动来庆祝。元宵节还有吃元宵或汤圆（寓意家庭团圆、幸福美满）的习俗。

元宵节对于福建福州人民而言，则是年节的重头戏。不仅有元宵灯会（图4-1），还有火爆的游神活动（图4-2），寺庙里的神明到家家户户巡视去年的发展情况，并接受村民的祭拜，走街串巷、锣鼓震天，村民焚香以祈福国泰民安、风调雨顺、万事和美。

图 4-1　福州元宵灯会

图 4-2　福州长乐厚福村游神活动

4.3.2 清明节

清明节又称踏青节、行清节、三月节、祭祖节等。清明节，既是自然节气，也是传统节日。清明节源于上古时代的祖先信仰与春祭礼俗，是一个感悟生命、承载深厚历史底蕴和文化内涵的节日。清明的传说，主要有纪念介子推和刘邦祭奠父母两种说法，扫墓祭祖与踏青郊游是清明节的两大习俗。

扫墓祭祖是清明节最重要的习俗。在这一天，人们会前往祖先的墓地，献上鲜花、酒食果品、纸钱香烛等物，为祖先扫墓、培土，并祭拜祈福，寄托人们对先人的哀思与怀念。自周代起就有了祭墓、禁火两大习俗，至唐玄宗下诏将寒食扫墓列入五礼之中后，寒食、清明祭扫坟墓的习俗就合二为一了。

踏青郊游也是清明节的传统活动。人们走出户外，欣赏春天的美景，感受大自然的生机与活力。在踏青的过程中，人们还会进行一些娱乐活动（包括放风筝、荡秋千等），增进亲情和友情。

清明时节，正值杨柳发芽抽绿，民间有折柳、戴柳、插柳的习俗，现今在一些地方依旧保留着清明节把柳枝插到门楣、屋檐上的习俗。

4.3.3 端午节

端午节又称端阳节、天中节、重午节等。在习俗中，农历五月是恶月，民间又称"毒月"，天气暑热，雨水频繁，人容易生病，蛇虫出没，易咬伤人。五月初五则是民间的恶月恶日，人们用悬挂菖蒲和艾草、饮雄黄酒、系五彩丝、食五毒饼、贴符咒等仪式来驱毒避恶（图4-3），这些习俗背后都蕴含着人们对平安、健康和幸福的追求和祈愿。

端午节赛龙舟和吃粽子的习俗，相传是为了纪念我国伟大的诗人屈原，因而端午节又名"诗人节"。赛龙舟，展示了人们团结协作、拼搏向上的精神风貌。吃粽子可以带来好运和幸福，包糯米的叫米粽，糯米中掺小豆的叫小豆粽，掺红枣的叫枣粽，统称糯米粽。枣粽谐音为"早中"，所以吃枣粽的最多，意在吃了枣粽可以早中状元。

在浙江一带，认为端午节是为了纪念投江殉父孝心可嘉的东汉孝女曹娥。民间流传很广的还有纪念伍子胥的说法等，"端午"早已化作中华民族内心深处追慕先贤的情结，饱含浓浓的家国情怀。

端午文化在世界上影响广泛，世界上其他一些国家和地区也有庆贺端午的活动，2009年，联合国教科文组织正式批准将其列入《人类非物质文化遗产代表作名

图 4-3　端午节驱毒避恶习俗（陈小英　绘）

录》，端午节成为中国首个入选世界非物质文化遗产的节日。

4.3.4 中秋节

中秋节又称祭月节、月夕、秋节、仲秋节、拜月节、月娘节、月亮节、团圆节等，是我国民间的传统节日。中秋节源自天象崇拜，由上古时代秋夕祭月演变而来。古人以农历七、八、九月为"三秋"，八月十五恰值"三秋"之半，故名"中秋"。

中秋节最为人们熟知的习俗便是赏月和吃月饼。在这一天，无论人们身处何方，都会仰望天空，欣赏明亮的圆月，寄托对亲人的思念和祝福，表达对故乡的思念。同时，各式各样的月饼是中秋节的必备食品，寓意团圆和美满。除此之外，中秋节的习俗还包括祭月。在古代，人们会在这一天设香案，向天空敬拜月亮，祈盼平安幸福和丰收。

中秋节还有一些地方性的特色活动。例如，在南方一些地区，人们会放天灯以寄托美好的愿望；而在一些少数民族地区，则有跳月、拜月等独特的庆祝方式。这些节日的庆祝方式既体现了人们对自然的敬畏和感恩，也寄托了对美好生活的向往和祝福。

福建厦门特色中秋节活动——博饼，是一种独特的中秋文化，也是厦门人对历史的一种传承。相传，中秋博饼是郑成功屯兵厦门时为解士兵的中秋思乡之情、激励鼓舞士气而发明的。博饼，是厦门中秋的保留节目，目的是使人开心，是博一个好兆头，大多数人都愿意相信，博中状元的人一年运气总会特别好，这当然是因为博饼活动里倾注了人们的感情寄托。因此，厦门人总是对中秋节格外重视，甚至有"小春节，大中秋"的说法。

4.3.5 重阳节

重阳节又称重九节，是中国传统节日之一。《易经》中把"六"定为阴数，把"九"定为阳数，九月初九，日月并阳，两九相重，故而叫重阳，也叫重九。在民俗观念中，九在数字中是最大数，古人认为九有长久长寿的寓意，所以重阳节这天有求寿的习俗，重阳节又被称为"老年节"，寄托着人们对老年人健康长寿的祝福。2006年5月，重阳节被国务院列入首批国家级非物质文化遗产名录。

重阳节会举行丰富的民俗活动。首先，登高是重阳节最为普遍的习俗，这一习俗源于古人对山岳的崇拜，同时有避邪驱凶的寓意。在重阳节这天，人们会相约爬山，登高望远，寓意着步步高升，祈求生活越过越好。同时，登高也有助于锻炼身体，增强体魄，表达了人们追求健康长寿的美好愿望。

其次，佩茱萸和簪菊花也是重阳节的传统习俗。茱萸被认为有辟邪驱凶的作用，人们在重阳节这天佩戴茱萸，或者将茱萸插在头上，以祈求平安吉祥。而菊花在重阳节时盛开，被视为长寿的象征，人们簪菊花于发间，或者赏菊、饮菊花酒，以表达对长寿的向往和追求。

除此之外，重阳节还有吃重阳糕的习俗。重阳糕是一种用糯米制成的糕点，因"糕"与"高"谐音，寓意着步步高升、事事如意。人们在重阳节这天会制作重阳糕，与家人分享，以祈求生活美满幸福。

重阳节还有祭祖、晒秋等民俗活动。祭祖是表达对祖先的怀念和敬意，晒秋则是农民利用秋季阳光晾晒农作物，以便储存过冬。晒秋源于生活在山区的村民，由于山区地势复杂，平地极少，只能利用房前屋后及自家窗台屋顶架晒、挂晒农作物，久而久之就演变成一种传统农俗现象。

总而言之，乡土风俗中的节日庆祝礼仪活动是一种独特的文化现象，它体现了人们对传统文化的尊重和传承，也反映了人们对美好生活的向往和追求。通过参与这些节日庆祝活动，人们能够感受到浓厚的节日氛围和乡土情怀，加深对传统节日文化的理解和认同。

小 结

本章主要介绍了乡土民俗文化的特点及类型、人生礼仪民俗及乡土节日民俗。乡土民俗文化作为乡村社会的文化根基，承载着乡村居民的情感归属和文化认同，对于维护乡村社会的和谐稳定、推动乡村文化的创新和发展具有重要意义。在现代社会，保护和传承乡土民俗文化，对于弘扬中华优秀传统文化、增强文化自信具有不可替代的作用。

思考题

1. 谈谈你最喜欢的一种乡土民俗文化，以及如何在设计中创新运用乡土民俗文化。
2. 试述民俗活动如何影响并塑造乡土精神生活。

推荐阅读书目

1. 民俗学概论（第二版）. 钟敬文. 高等教育出版社, 2010.
2. 中国人的生活世界——民俗学的路径. 高丙中. 北京大学出版社, 2010.
3. 中国民俗文化概览. 何仕元. 四川大学出版社, 2022.

第5章 民间信仰

民间信仰是中国传统文化中具有浓厚乡土气息的一种文化，在长期的历史进程中，深刻地影响着民众的社会生活、思维方式、生产实践、政治行为及社会关系。民间信仰更是一种精神文化，它是一种自发性的情感寄托，深刻地反映着中国人的心理，承载着中国的传统文化，具有广泛的传承性。

5.1 民间信仰概述

民间信仰是中国乡土文化的有机组成部分，人们在长期的生产和生活过程中，对于生命、自然、社会等方面形成了自己的认知和信仰。民间信仰是人们生活实践和精神信仰的结合，是民众对待自然社会的一种精神态度，蕴含着地域特质及人文特色，构建了乡土文化集体记忆，并以祭祀、仪典、民俗节庆等形式进行表达。

5.1.1 信仰与民间信仰

5.1.1.1 信仰

作为语汇，"信仰"源于梵语。唐代《法苑珠林》将其译为"信仰"。《辞海》解释为"对某种宗教或主义极度信服和尊重，并以之为行动的准则"。虽然"信仰"是外来语，但中国传统文化中的"信""道"等，已蕴含信仰的内容和精神内涵。

5.1.1.2 民间信仰内涵

民间信仰是指在民间广泛存在的，非组织的，具有自发性的一种情感寄托、崇拜，以及伴随着精神信仰而产生的行为和活动。民间信仰的形成和发展与人们的日常生活有着极为紧密的关系。对于中国农村社会而言，民间信仰在一定程度上成了人们精神生活的重要补充。

历史学、宗教学、人类学、社会学、民俗学等学科，都有对"民间信仰"的界定。在我国古代，民间信仰被视为"淫祀"，《礼记·曲礼下》规定，合乎礼而纳入祀典的为"正祀"，淫祀是相对于正祀而言的，祭祀没有列入祀典之神。

5.1.2 民间信仰特点

民间信仰是人对超自然现象的一种朴素的认识和把握，是原始社会以来民众集体创造、传承并不断积累的文化现象，是乡土文化的重要组成部分。它融合了宗教、神话、传说等元素，贯穿于人们的日常生活、节庆活动及社区互动之中。民间信仰具有自发性、实用性、庞杂性、融合性、地域性、随意性等特征。

5.1.2.1 自发性

民间信仰不同于制度化宗教，往往没有固定的活动场所，没有系统规范的经典教义，没有严密的组织，没有严明的教规等。民间信仰仪式一般并没有特别严格的系统，除了特定的原宗教在某些特殊时期所进行的信仰活动外，绝大多数的信仰活动以人们的日常生活为载体加以体现，其组织形式、信仰内容、信仰过程和信仰载体都是民众自发、自主设计的，活动形式贴近生活，常常是随事而设，由民间自主组织和完成，以满足个人情感寄托、精神及心理上的需求。

5.1.2.2 实用性

民间信仰是自发的情感寄托和崇拜形式，以祈福禳灾为主要目的，许愿祈福只关注所求顺意，其信奉的神灵往往不问出身及来历，追求的更多是其实用性，满足现实生活的具体利益及精神追求。

民间信仰的实用性还体现在它的"现世感"特别强，宗教讲的是"来世福"，百姓追求的则是今世，是当下的生活。

民间信仰的实用性还体现对功利和实用的重视上，遇到麻烦事或想实现某种愿望时，往往会选取自己所信服的神和自认为有用的神进行祭拜，希望神灵满足发财致富、健康长寿、婚姻幸福、事业有成等实际目标与利益，愿望实现后还愿。

在福州的乡村民间文化中，每逢正月，都会进行"游神"的传统祭祀活动。而这种"游神"活动，既包含祈求风调雨顺、诸事平安、财源广进的愿望，能起到增强乡里宗族的凝聚力的作用，又能吸引外来游客参观，增加当地消费收入，具有促进社会经济发展的实质性作用。

5.1.2.3 庞杂性

民间信仰是一种原生态的乡土文化，民间以多种神祇为崇拜对象，神灵形象呈现出多样性。这些神有自然发展而来的，有从道教、佛教等改造过来的，也有从民间神话故事中演变出来或从神怪小说等加工渲染而成。在我国乡村，有许多地方神明，各种神灵复杂繁多，而且有的崇拜对象多神格，可以起到多种护佑功能。民间信仰在世代相传中自发地形成，并在此过程中不断演进变化。在经历了漫长的变迁之后，不同地域之间的继承、演变和发展产生了巨大的差异，这是民间信仰庞杂性的根本原因。

5.1.2.4 融合性

民间信仰是民间自发形成的，在漫长的历史变迁过程中，各地区民间信奉的神灵没有形成相互排斥的现象，在一些文化相近地区之间还具备一定的联系性与互通性，不排斥宗教，还会吸收一些相关理论及神话故事加以充实，呈现出包容性的特征。

民间信仰的融合性还体现在神的形象多样性上，有时一个神往往有各种各样的形象，即各种各样的象征符号。造成这一现象的原因包括民族、时间、地域等客观因素，可以看出民间信奉对象在历史变迁过程中的融合性。民间信仰中经常出现一神多职的现象。例如，坊间为人耳熟能详的关公，其包含的寓意从最早代表忠义的"武神"形象，经过演变，逐渐增加了镇宅、驱邪的寓意，到后来又衍生出行业神、财神等职能，人们对"关公"这一崇拜对象的多神格体现出民间信仰的融合性。

5.1.2.5 地域性

民间信仰作为一种根植于乡村生活的文化现象，具有浓郁的地方特色和深厚的历史积淀。不同国家和地区，地理位置、自然环境、空间及历史文化等方面存在差异，经济发展水平也各不相同。例如，渔民担心出海有风暴来袭，而依靠劳作耕种的百姓则祈求风调雨顺、五谷丰登。民众的需求不同，所要祭拜的神灵自然不同，民间信仰带有明显的地域性特征和地方文化认同，蕴含着当地民众的价值观念、思维方法和理想态度。

5.1.2.6 随意性

民间信仰没有统一的教义和经典，活动也经常与当地民俗活动相结合。民间信仰供奉的对象，不论是在史书中流传于世的人物，还是神话故事里的神明，即使是自然物，只要能满足人现实生活中的需要，都可能成为人们信仰的对象。

民间信仰是一种原生态的乡土文化，如福建泉州崇武的解放军烈士庙，供奉的是27位解放军烈士，信众包括男女老少，祈求内容涵盖就业谋生、建房置业、结婚择偶、生育求嗣、子女升学等各方面。神话英烈反映出民众寄托敬仰、寻求护佑的一种文化传统。

5.1.3 民间信仰实例

妈祖信仰是中国沿海地区民间重要的传统信仰之一。妈祖是中国海洋的保护神,百姓在出海前要先祭妈祖,祈求顺风和平安。在船舶上立妈祖神位,妈祖信仰随着航海者的足迹四处传播,影响深远,流传着"有海水处有华人,华人到处有妈祖"的说法,形成了海洋文化史中最重要的中国民间信仰之一。

5.1.3.1 妈祖原型

妈祖原型是北宋福建莆田湄洲岛上的一位名叫林默的普通妇女,生于宋建隆元年(960年)农历三月二十三,逝世于宋雍熙四年(987年)农历九月初九。生前为人治病,在海上救人,有恩德于乡里。林默去世后,传说她经常在海上显灵救人,于是人们便立庙祭祀她。宋徽宗宣和五年(1123年),北宋赴高丽使团在海上遇难,被林默所救,奏报朝廷,朝廷诏令赐予"顺济"庙额,从此成为官定的海上保护神。南宋、元、明、清时,又加封"天妃""天后""天上圣母"等封号,自此,妈祖信仰便在北自天津,南到中国台湾、南洋的沿海地区流行开来,人们在海上遇到风暴、海匪时,总是祈求妈祖保佑。

5.1.3.2 妈祖形象

妈祖降诞的传说多与观音相助有关,传说林默母亲梦中食用了南海观音所赐的优钵花而受孕。人们创造妈祖形象时,已经不自觉地融入佛教元素。妈祖造像大多身形端直、行止安详、身相润泽、双肩圆满、面如满月、面容美满,莲花台也常常成为妈祖的坐具,这是人们希望妈祖承担起救苦救难、普度众生的职责。

(1)红面妈祖神像

红面是凡人的肤色,湄洲妈祖庙正殿里供奉的神像就是红面,对家乡人而言,她永远是那个名叫默娘的美丽善良的渔家女。

(2)金面妈祖神像

金面是妈祖羽化后得道的样子,朝廷敕建的天后宫中供奉的妈祖一般是金面,以彰显自己作为官庙的权威性。

(3)黑面妈祖神像

关于黑面妈祖神像,一直流传着两种说法,一是黑面为救苦救难之相;二是人们对妈祖的长期供奉和敬仰,被香火熏黑,因此,许多历史悠久、香火鼎盛的大庙中多为黑面妈祖。

5.1.3.3 妈祖信俗

妈祖信俗是中国传统民间信仰民俗文化,以崇奉和颂扬妈祖的立德、行善、大爱精神为核心,以妈祖宫庙为主要活动场所,以庙会、习俗和传说等为表现形式。妈祖信俗由祭祀仪式、民间习俗和故事传说三大系列组成,2009年,妈祖信俗被列入《联合国教科文组织人类非物质文化遗产代表作名录》。

湄洲妈祖祖庙及各地妈祖庙（宫）在妈祖诞辰（农历三月二十三）和羽化升天之日（农历九月初九）都会举行隆重的祭典，称为春秋两祭。各地信众自发聚集在莆田湄洲祖庙参加祭典，抬着妈祖神像出庙巡游，场面浩大，女信众还会穿着妈祖服，梳帆船头来祈祷平安。每逢初一、十五，人们还会举行家庭祭祀活动祭拜妈祖。

5.2 民间信仰对象及文化内涵

民间信仰对象无处不在，有天地，有日月星辰，有传说人物，有前代功臣先贤，也有牲畜，甚至生活用品等，反映出人们对自然、祖先和超自然力量的崇拜，对道德、伦理、价值、美好生活等的追求。

5.2.1 自然

民间信仰可追溯到原始自然崇拜，先民不了解大自然，无法对大自然的许多现象作出科学的解释，认为存在着超自然神秘力量。先民把这股力量视为生命的诞育和守护者，认为其神圣不可侵犯，人们出于对大自然的依赖和敬畏，认为神灵能够保佑生活平安吉祥，从而崇敬祭拜。这种把某种自然物、自然现象当作有生命力、有意志力的超自然力加以崇拜的现象，称为自然崇拜。自然崇拜包括天地崇拜、天象崇拜、自然物崇拜等，是先民最普遍的信仰形式之一，把自然万物及自然现象加以人格化和神灵化。

5.2.1.1 天地崇拜

天在中国古代政治及民间信仰中都扮演着极为重要的角色。在中国，天是被当作一个实体加以崇拜的。在人们的眼中，天至高至远，是宇宙万物的主宰，是万物生长发育的本源，所以应敬天畏命、顺天行道，否则，天就会降下各种不祥之兆与灾害惩罚。早在殷商时期就有了天命观，历代统治者都宣称自己为"天子"，以此来树立个人神裔化形象。无论是统治者，还是平民百姓都以各种形式来表达对天的敬畏，向苍天拜祭的礼仪源远流长，至今在民间还尊天为"天公"。

土地崇拜是自然崇拜的一种普遍现象。土地是万物生长之源，是人类赖以生存的根本，先民把土地当作一种不可思议的神秘力量加以崇拜，特别在发生地震时，认为山崩地裂是土地动怒的惩罚。农耕时代，土地成了人们生产、生活的重要条件，人们依赖崇拜土地。为了保障生活，通过土地崇拜仪式向其祈求。民间的播种节、丰收节都与土地崇拜有关。

（1）玉皇大帝

玉皇大帝崇拜是天地崇拜中具有普遍性的俗神信仰。民间将玉皇大帝视为天上的"皇帝"，万神世界的最高统治者，民间简称"玉皇""玉帝"。玉皇大帝总管三界（上、中、下）、十方（四维、四方、上下）、四生（胎生、卵生、湿生、化生）、六道（天、人、魔、地狱、畜生、饿鬼）的一切阴阳祸福。

道教的最高神是三清，即玉清元始天尊、上清灵宝天尊、太清道德天尊，但在民间信仰中玉皇大帝的地位远超三清，成为统辖天下众神的至上神。

农历正月初九为玉皇圣诞，俗称"玉皇会""上九节"，闽南、海南等地有拜天公的习俗。

（2）土地神

"福德正神""社神"，民间称土地公，是乡里最基层的行政神，也能保护农业、商业。土地公信仰寄托了中国劳动人民一种祛邪、避灾、祈福的美好愿望。

土地神来历与中国古代社会所祭"天、地、社、稷"中的社、稷之神有关。古代把土地神和祭祀土地神的地方都叫"社"，按照民间的习俗，每到播种或收获的季节，农民都要立社祭祀，祈求丰收，答谢土地神。

土地神像为须发皆白之土地公、土地婆，慈眉善目，笑容可掬，旁有联曰："公公十分公道，婆婆一片婆心。"

每年农历二月初二为土地公的诞期，民间多以香烛宝帛、鸡猪酒饭祭祀，以邀福荫；也有将儿女生辰八字粘于神像脚下契作干爹娘以保安康的。民间多在居室门首左侧置神龛，安奉"门官土地福德正神"，两旁配祀"年月招财童子，日时进宝天官"。过年时用红纸写上"五方五土龙神，前后地主贵人"字样。平日设香炉灯盏，燃香点灯以祀，节时则以宝帛酒食祭拜。

5.2.1.2 天象崇拜

中国的传统文化是以农业文明为基础形成的，在生产力相对落后，主要是靠天吃饭的农耕社会，先民对与农牧业生产息息相关的风、雨、雷、电等非常依赖和推崇，在人们既不认识，更不能改造自然力的时候，就将它们人格化，认为它们具有灵性，把它们当作有生命力的神灵进行祭拜，相信风神与雨神、雷神、闪电神合作，定能降下甘霖，由此衍生出许多对风、雨、雷、闪电等天象崇拜的文化现象。

（1）雷公电母

中国民间信仰最直接崇拜的天象，首先是雷。它那巨大的震响声能给人们带来震撼，从远古开始，人们就对其有一种敬畏之情。人们经常把雷和天结合起来，认为雷声是上天发怒的标志，雷击人与物，是上天对人间的惩罚。在中国民间信仰中，雷神有辨别善恶之能力，代天执行刑罚，击杀有罪之人，凡被雷击中的住地、居所和牲畜，应避走或搬迁，举行仪式来祭雷。民间有雷神会、雷王祭等祭雷习俗。

中国民间信仰喜欢为神灵联姻，由雷崇拜发展而来的对闪电的崇拜，也是中国民间信仰天象的一大特色。因此，在民间信仰中，雷神与闪电神相依相伴，有雷公电母的说法。雷公掌管打雷，电母掌管闪电。民间信仰中的雷神龙身人头，长着鸟喙、鸡爪，背有翅翼，左手执楔，右手持锥；电母是与雷公配对之神，又称为闪电娘娘，身穿红衣白裤，两手各执一镜。

（2）风伯雨师

风伯雨师是来自中国神话中的风神和雨神。我国典籍《山海经·大荒北经》也有记载，蚩尤作兵，伐黄帝，请风伯雨师，纵大风雨。风伯又称风师、箕伯，其相貌奇特，长着鹿一样的身体，身上布满豹子一样的花纹。头像孔雀，头上的角峥嵘古怪，有一条蛇尾。

雨水能滋养五谷，养育万物，先人自古便对雨神十分崇拜，在中国神话传说中认为雨神是毕星，即西方白虎七宿的第五宿，常常和风伯一起出现。各朝代关于雨神的说法不一，唐宋以后，从佛教中脱胎出来的龙王崇拜逐渐取代了雨师的位置。

5.2.1.3　自然物崇拜

自然物崇拜是一种古老的崇拜形式。人类从自然汲取了丰富的生产与生活资料，先民在"万物有灵"自然观的支配之下，对自然物产生了浓重的敬畏与崇拜心理，甚至将其当作图腾来崇拜，由此幻想创造出来了许多精灵鬼怪，对其顶礼膜拜，并不断赋予其许多文化内涵。

自然物崇拜，包括山神、水神、石神、海神、潮神等，也包括动植物崇拜，动物神有蛇神、熊神、鸟神、虎神等，植物神有树神、草神、花神等。

（1）石头崇拜

石头崇拜早在原始社会时期就已存在。先民把石块磨制成各种各样的形状，用于狩猎、宰杀禽兽、切割兽皮、砍树等，作为主要工具的石器对人们的生产、生活起着极为重要的作用，所以先民对石器怀有特殊的感情，在死去时往往把石器作为随葬品。特别是燧石摩擦起火的发现，给先民的生产和生活带来了极大的方便，先民认为石头具有灵性，怀着感恩和崇敬，人们因此对石头产生了祭拜的心理。

民间石头崇拜，供奉比较广泛的是石敢当（图5-1）。传说石敢当是古代大力神，专司抓鬼镇邪、破邪驱魔。百姓信奉石敢当，认为石敢当有镇百鬼、压灾殃、官吏福、百姓康的功能。明代出现的"泰山石敢当"在历史长河中占据了重要的地位。泰山石正如泰山给人的神圣之感，人们敬仰泰山，泰山石是宁毁不折、坚贞不屈的高尚情操象征，从而激励着中华儿女为民族大业奋斗不息。在民间，百姓常把石敢当或泰山石敢当立于墙根（图5-2）、街巷、桥头、要冲，以保村宅平安。

（2）鲤鱼信仰

在中国民间叙事中，鲤鱼一直是"幸运"和"吉祥"的象征，早在殷商时期就开始饲养鲤鱼，在长期的历史发展中，中国人赋予鲤鱼以丰富的文化内涵。鲤鱼腹多子，繁殖力强，故成为人丁兴旺的象征，并引申到祝殖、生财；民间有鲤鱼跃龙门化身为龙的传说；历史上有姜太公垂竿钓鲤而受政；孔子生子，鲁昭公赐鲤，所以儿子取名"鲤"。随着民间叙事的积淀和文化内涵的发展，鲤鱼逐渐被人们视为吉祥物，逐渐转化为鲤鱼信仰，表达出对幸运的渴望和对能带来幸运之物的崇拜。鲤鱼信仰是民众对于追求美好的一种朴素而长久的期盼，人们希望生活吉祥如意，并在建筑、装饰等添加上鲤鱼的元素。

图 5-1　宁德周宁洋头村村口石敢当　　　　图 5-2　村落墙根的泰山石敢当

福建省周宁浦源村有一条闻名遐迩的鲤鱼溪（图5-3），溪中生活并繁衍着数以万计色彩斑斓的鲤鱼，被誉为"天下奇观"。南宋嘉定年间，荥阳郡郑氏先祖为了躲避战乱，迁居浦源村，为了防止水源被污染或投毒，便在溪中放养鲤鱼，并制定族规，严禁捕捞和伤害溪中鲤鱼。全村老少皆爱鲤鱼，把鲤鱼奉为神明，八百年来人鱼同乐，形成独一无二的护鱼传统文化，"鱼塚"（图5-4）"鱼祭文"和"鱼葬"被收录进吉尼斯世界纪录。鲤鱼死后，由村里德高望重的老人将其护送到鱼塚安葬，并燃香、烧纸钱、放鞭炮，读"鱼祭文"，予以祈祷、安葬，葬礼十分隆重、庄严，形成浦源村独特的鲤鱼祭葬礼俗，成为中国乃至世界上独特的鱼文化典范。

图 5-3　周宁浦源村鲤鱼溪　　　　图 5-4　鱼塚

5.2.2 祖先

祖先崇拜是一种在血缘亲属支配下的信仰活动，是人类寻找身份认同的一种途径。崇拜者对祖先尊崇有加，虔诚祭祀，希望祖先对后代护佑赐福、避灾免祸。祖先崇拜体现出中国的孝文化，教化人们要懂得感念祖先，回报养育之恩。祖先崇拜是中国文化中独特的生命符号，人们相信祖先的灵魂会与子孙同在，相信祖先能保佑子孙避祸趋福。祖先崇拜是建构人生观、价值观、婚姻观及幸福人生追求的基础，有清明祭扫、寻根活动，有家谱生平事迹介绍、血脉谱系图等，更多的是精神的传承。

祖先崇拜源于中国人极强的寻根意识，更是一种精神寄托的需要。祖先崇拜有宗族祖先崇拜、民族祖先崇拜和行业祖师崇拜等。

5.2.2.1 宗族祖先崇拜

宗族是中国古代社会群体中最常见的组织，宗族祖先是族人凝聚在一起的精神力。人们像崇拜神灵一样来崇拜自己的祖先，希望祖先的神灵可以保佑子孙，让子孙得福，使家族兴旺，子孙对祖先必须崇敬至诚，否则会失去祖先的护佑。中国的村落中，宗祠（图5-5、图5-6）是必不可少的建筑，祭祀是对祖先表示敬畏崇拜必不可少的形式。

5.2.2.2 民族祖先崇拜

每个民族都有自己祖先的传说，华夏民族的祖先是华胥、伏羲、黄帝、炎帝等，其

图 5-5　三明尤溪桂峰村蔡氏宗祠　　　　　图 5-6　周宁浦源村郑氏宗祠

中最具有影响力的是黄帝。黄帝是古华夏部落联盟首领,《史记》中的五帝之首,居轩辕之丘,号轩辕氏,建都于有熊,也称有熊氏,史载黄帝因有土德之瑞,故号黄帝。黄帝在位期间,播百谷草木,大力发展生产,始制衣冠、建舟车、制音律、作《黄帝内经》等,黄帝拉开了中华民族文明历史的序幕,被尊祀为"人文初祖"。黄帝陵祭典列入第一批国家级非物质文化遗产名录,每年清明节都有大量海内外华夏儿女前来祭拜祖先。黄帝陵祭祖蕴含着传承中华文明,凝聚华夏儿女的深刻意义。

5.2.2.3 行业祖师崇拜

民间有"三百六十行,无祖不立"的说法,在我国,各行各业都有它们的祖师爷,都很重视行业祖师崇拜。行业祖师主要有三类:一是传说中直接或间接的行业开创人;二是本行业的杰出人物或做出突出贡献的人;三是对本行业有保护职能的神。民间认为,行业的祖师爷是最懂行业中从业弟子的心思和心愿的,可助其心想事成、事事顺利、逢凶化吉、趋吉避凶。行业祖师崇拜反映了各行业劳动者祈求神明保佑其安居乐业的心态和愿望。

5.2.3 功臣圣贤

《礼记·祭法》载:"法施于民则祀之,以死勤事则祀之,以劳定国则祀之,能御大灾则祀之,能捍大患则祀之。"中国人对有功于国、造福于民的先烈功臣和圣贤,皆立祠建庙,既是崇敬纪念,又期待功臣圣贤能够护佑一方平安。

陈文龙是南宋末年的名臣,其一生为官清廉、关心民生疾苦、刚正不阿、忠心报国。陈文龙因以身殉国的事迹而被敕建"宋陈忠肃公神祠",并敕封为"福州府城隍威灵公"。明永乐年间朝廷敕封陈文龙为"水部尚书"(图5-7),因民众的需求和官方的推

图 5-7 福州阳岐尚书祖庙

崇，陈文龙以"水部尚书"之名被当地百姓作为"海神"奉祀，而后陈文龙信仰广为流传，陈文龙"生为名臣，死为神明"，可见百姓对功臣名臣的崇拜。

5.2.4 人生保护神

人生保护神是人们喜闻乐见的神灵，他们有的专司职属（如月下老人掌管姻缘，财神掌管天下财富），有的多神职。这些神与人们的生活息息相关，涉及生产、生活及社会各方面，范围广泛。

5.2.4.1 门神

门神是中国民间最广泛、最受欢迎的人生保护神之一。早期的门神是传说中捉鬼喂虎的神荼和郁垒（图5-8）。在历史发展过程中，根据需要，门神的形象也在不断发展变化，有武将门神秦琼和尉迟恭（图5-9），也有捉鬼的钟馗。为满足人们追求升官发财、多子多福、长寿延年的愿望，相继出现五子登科、加官晋爵的祈福门神，商家常会张贴的刘海戏金蟾、招财童子财神等门神。

图 5-8　神荼和郁垒

图 5-9　武将门神尉迟恭

经历代变迁，门神已成为多功能的保护神，具有驱邪魔、卫家宅、保平安、助功利、降吉祥等功能，成为最受欢迎的民间俗神之一。

5.2.4.2 灶神

灶神是民间传说中的居家保护神，又称灶王、灶王爷、灶君、灶君司命。传说灶神是玉皇大帝派到人间考察善恶之职的督察使。灶王龛大都设在灶房的北面或东面，灶神左右随侍两神，一捧"善罐"，一捧"恶罐"，随时将一家人的行为记录保存于罐中。在中国神话传说中，小年这天灶神上天向玉皇大帝禀告，玉帝根据灶神描述做出相应赏罚。人们都对这位汇报人间善恶的神心存敬畏，小年这天民间都会祭灶，供放糖果、糕点等，让他多说些好话，保佑来年平安顺利，送灶神的仪式称为送灶或祭灶。灶神的传说很多，有的认为主司厨房烹调事务的女神先炊是灶神，有的认为祝融为灶神，也有的认为张单为灶神，《淮南子》载"黄帝作灶，死为灶神"，《淮南子》又载"炎帝于火，死而为灶"，把黄帝、炎帝列为灶神，说明灶神在民间的重要地位，以及人们对灶神的重视。

5.2.4.3 福、禄、寿、财神

在中国民间信仰中，几乎把对福、禄、寿、财的祝愿对象都幻想成为神，成为世俗生活中不可缺少的崇拜神灵。

福神是民间祈福的崇拜对象。福神最早源于福星，所以到现在民间还有"福星高照"的祝愿语。福星原指木星，后来转为幻想的人格神。道教原有"三官"神信仰，即所谓天官、地官、水官三神。传说天官赐福，地官救罪，水官解厄。旧时各地有三官殿，享用香火，渐渐转为民间普及的福神信仰，天官赐福广泛传诵为民间吉祥祝词，"福"字也就变为家家户户祈福的标志，每年春节都要在大门上倒贴"福"字红纸，意为"福到了"。由于蝙蝠的"蝠"与"福"字谐音，民间还有以蝙蝠表示"福"的习俗，所谓"五福临门"即以五只蝙蝠的图形为标志。

禄神是民间崇拜的专司功名的神，又称禄星神。最早是指二十八星宿神中北方七宿中的斗魁六星，这个星被古代星相说列为吉星，主大贵，所以道教尊此星神为主司。

寿星是民间信仰中祈愿长寿而崇拜的神，主司人间寿命。寿星是指二十八星宿中的南极老人星。在传统信仰中，寿星秃顶白须，额高头长，耳大身短，手扶一根高过头顶的曲杖，是民间最常见的世俗神之一。以前各家各户都供奉寿神，祝愿老人长寿。

财神也是最常见的世俗神之一。明代传说招财进宝利市之神是赵公元帅（即赵公明）。下属四神，即招宝天尊萧升、纳珍天尊曹宝、招财使者陈九公、利市仙官姚少司。这班神灵都是专司钱财珍宝的神，以赵公明为主财大神。明清两代财神庙香火极盛，商贾百姓年年都要迎祭财神。财神的形象为黑面浓须，手执铁鞭，胯下黑虎，一副武将装束。因此，在民间又俗称为"武财神"。在崇拜赵公元帅的同时，民间还崇拜文财神，即财帛星君或增福财神，和福神的天官相似，文财神红袍装束，面善慈祥，五绺长须。另外，传说关云长掌管过兵马站，长于算数，而且讲信用、重义气，因而为商家所崇祀，一般商家以关公为他们的守护神，视关公为招财进宝的财神爷。

5.3 民间信仰的当代价值

民间信仰是农耕社会的文化表征及民众精神生活的重要组成部分，具有独特的社会功能，在长期的历史发展过程中，传统的信仰民俗、仪式仪典，都深深影响着民族品格

及民族精神。深入挖掘中华优秀传统文化蕴含的思想观念、人文精神、道德规范，结合时代要求继承创新，让乡土文化展现出永久魅力和时代风采。

5.3.1 人文教化

民间信仰不仅表现形式多样，还包含丰富的传统伦理文化的内涵，具有灌输一种符合人性的伦理、价值，引导人们的情感，让人们找到生活的方向，培养健康的人格，使社会风气淳厚，实现社会和谐。

民间信仰中的祖先信仰，对培养民族精神和凝聚力起到了重要作用。历代祭祀活动、清明祭扫，都是在一种庄严肃穆的气氛中进行的，追思先辈功绩，希望造福子孙，维护民族尊严和团结统一。黄帝是全球华人共同的祖先，黄帝陵每年举办清明公祭和重阳民祭，成为全球华夏儿女拜谒祖先、凝聚爱国力量的活动。

民间信仰中的行业神崇拜深入民心，成为中国传统文化的一大特色。行业祖师是诚实守信与行业规范的代表，祭拜祖师就意味着对行业规范的遵守，并希望得到祖师的庇佑，通过行业神崇拜激发行业群体的内驱力，推动行业发展。

5.3.2 道德引导与约束

民间信仰具有道德情感的认同作用，并且通过这一道德情感的认同起着凝聚人心、整合社会、稳定社会的作用。民间信仰所宣扬的某些道德价值观念有一定的社会伦理价值，在现代社会中起到积极的道德约束和引导作用。如民间信仰宣传的"济世利他""普度众生""众善奉行、诸恶莫作"等思想，而且要求信众要克己、利他、行善、乐施、热心社会公益事业，起到了提升公序良俗，有利于社会秩序的维护及和谐发展。

尊重自然、爱护生灵的生态观。我国西南一些地区，人们将村寨附近的山林、水塘视为"神山""神水"或风水之地，敬畏自然，爱护生命，严禁砍伐和污染山水，促进人与自然和谐相处，提升了生态环境质量。

5.3.3 追求美好生活

从心理学看，人具有强烈的自我意识，人的自我意识中的关键一环就是人的自我需求的实现。马斯洛需求有生理需求、安全需求、社交需求、尊重需求和自我实现需求等，人的需求是多元、多层次的，人都希望自身能得到关心和照顾。求神拜佛，对百姓来说是一种吉祥美好生活的寄托，希望神灵能够赐予福运，实现自身生活美好，希望所求皆能如意。人们在拜佛许愿之后，在神灵保佑的心理暗示下，为了实现愿望，会更加努力投入生活，常常能达成心愿。通过民间信仰，换一种方式发现自己、成就自我，实现自己想实现的目标。

5.3.4 文化传承及交流

民间信仰是乡土文化的一种重要表现形式，其仪式和活动往往成为人们生活的一部分。一些酬神祈福民俗入选为非物质文化遗产项目,被称为"行走的民俗博物馆";一些信仰活动及祭典,如黄帝故里拜祖大典、祭孔大典作为寄托乡愁的纽带和民族传统归依的核心载体,从民间信仰中提炼传统文化精华,在新的时代条件下与时俱进,成为增进文化自觉意识的强心剂和提升文化认同的凝聚力,成为中华文化对外传播的名片。

小 结

本章介绍了民间信仰的内涵及特点、民间信仰的对象及文化内涵、民间信仰的当代价值。尊重历史和群众信仰需求,正确认识和对待民间信仰,以社会主义核心价值观为引领,发挥民间信仰在道德教化、文化传承、民间交流等方面的积极作用,可促进民间信仰活动和谐有序。

思考题

1. 试论民间信仰在乡村振兴中的作用机理及传承创新。
2. 试论如何拓展地域优秀信俗文化,提升其文化力。

推荐阅读书目

1. 民间信仰的知识社会系考察. 阙祥才. 人民出版社,2021.
2. 中国民间信仰的当代变迁与社会适应研究. 张祝平. 中国社会科学出版社,2014.
3. 中国民间信仰. 乌丙安. 上海人民出版社,1995.

第6章 乡土工艺美术

乡土工艺美术作为中华民族文化的重要组成部分，承载着悠久的历史和丰富的传统技艺。乡土工艺美术种类繁多，形式多样，兼具使用功能和审美价值，其类型的划分和特征的形成与自然环境、社会环境等因素密不可分。它以独特的文化魅力和艺术价值成为乡村历史文化传承的重要载体，充分表现了劳动人民对当地民族底蕴和地域风情的深刻感悟。乡土工艺美术在当代发展过程中面临着众多挑战，保护和弘扬乡土工艺美术已成为延续乡土文脉的重要课题。

6.1 乡土工艺美术概述

乡土工艺美术作为中国传统文化的载体，承载着浓厚的地方色彩和民族风情，其种类繁多，涵盖了绘画、雕塑、编织、陶瓷、刺绣等多个领域。这些作品不仅具有独特的艺术表现形式，还融入了丰富的民间故事、历史传说和地域文化元素，成为展示乡村风貌和民族文化的载体。

6.1.1 乡土工艺美术内涵

工艺美术是指在衣、食、住、行、用等生活领域中，人们主要通过手工的物质生产手段，创造出的既满足使用功能又具有审美价值的艺术形式。

在古代，"工"和"艺"两字各具特定含义，通常单独使用。"工"主要是指从事某种手工制作或技术活动的人，即工匠，也指工匠所从事的工作或技术。《说文解字》解释为："工，巧也。"表明"工"在古代即与技艺精巧、手工制作紧密相关。在不同的语境中，"工"还可以指艺术家、技师，乃至更广泛地指任何专业技能的从业者。例如，《论语·卫灵公》中的"工欲善其事，必先利其器"，其中的"工"字代表有技艺的人。在周代，社会分工更加明确，"工"成为社会职业分类中的一个重要组成部分，涵盖了各类手工艺人。与"工"密切相关的"艺"字则主要指技能、技艺，特别是指手工艺、绘画、音乐和其他艺术形式的技能。《说文解字》将"艺"解释为"技也，凡艺之属皆从艺"。这表明"艺"不仅包括了各种手工技艺，还包括了文学、音乐、象棋等非物质技艺。在儒家经典中，"艺"也与道德修养和人文教育相联系，如"六艺"（礼、乐、射、御、书、数）是古代儒家教育的核心内容。

在当代，"工艺"一词已成为一个具有特定含义的术语，描述了利用各式工具对原料或半成品进行处理和加工，使之最终成为成品的方法与过程。这包含了从传统的手作工具到机械设备，乃至现代的计算机技术等多种工具的应用。因此，"工艺"的概念远超过简单的手工制作活动，而工艺美术，是通过这些加工过程进行创意性的审美设计与制作，创造既实用又美观的作品，实现技术与艺术的和谐统一。

乡土工艺美术是工艺美术的一个分支，带有鲜明的文化特征和深厚的社会根源。这种艺术也称为民间工艺美术，萌生于原始艺术的社会分化和阶级解体之中，曾被视为一种"下层文化"。它与普通民众的生活密不可分，从艺术上直接继承了原始艺术所传达的意义，是真正源于生活的艺术。

区别于其他非物质文化遗产，乡土工艺美术融合了地域性、流动性、民族性、物质性和功利性，同时体现了实用与审美统一的特征。它是根植于生活而生发的艺术，展现了生活与审美的和谐融合。这一艺术形态，主要归类于传统工艺，特别强调了适应本地环境和自给自足的特性，因而展现出鲜明的地方特色和浓郁的生活氛围。

乡土工艺的创造不仅满足了民众的需求，也与实际社会状况相符，展现了人们对美好生活的向往、对理想的追求，以及内心深处的愿望。如今，越来越多的人认识到，乡土工艺美术作为中国传统文化的组成部分，是我国的文化遗产所不可或缺的。

6.1.2 乡土工艺美术类型

在数千年的演变中，乡土工艺美术随着劳动人民的实践而日益丰富，形成了多样的种类。这些工艺根据使用的技术和材料大致可分为特种工艺（如艺用陶瓷、金属、玻璃、漆器、雕刻等）、艺用纺织（包含提花、织毯、抽纱、绣织等）、工艺绘画（如羽毛画、麦秆画、贝壳画）、民间工艺（如灯笼、剪纸、风筝、糖人）、编结工艺、图书装帧和工艺篆刻等。随着这些工艺的发展，每个地区的乡土文化往往涵盖多个类别，某些类别甚至成为当地的文化象征和精神标志。本节重点介绍陶瓷工艺、刺绣工艺、剪纸艺术。

6.1.2.1 陶瓷工艺

陶瓷是一种黏土或其他无机非金属原料经成型、干燥,在高温下烧制而成的工艺品或艺术品。它包括陶器和瓷器两大类。

(1) 早期陶器

陶瓷制作历史可追溯到新石器时代,最初的陶器简单而粗糙。火的使用不仅促进了陶器制作技术的进步,也使得陶器从单一的生活用具转变为集实用性和审美价值于一体的工艺品。到了大汶口文化时期,人们已经掌握使用高岭土制作更为精细的白陶的技术。商周时代,施釉技术的出现进一步丰富了陶瓷的装饰手法,尽管当时的烧制技术仍然有限,釉陶相对粗糙。

(2) 陶瓷工艺的发展以及时代特征

三国时期,浙江的越窑青瓷技艺得到了显著发展,这时期的青瓷以其胎质细腻而坚硬、釉面施涂均匀、釉质纯净透亮为特点。

进入两晋,尤其是东晋时期,青瓷工艺出现了南北分化的现象。这种分化不仅体现在器物的形态和釉色上,而且反映了不同地域的文化和审美偏好。北方的青瓷器物形体较大,胎体厚重,釉色偏向黄绿或青绿,这与北方的壮丽山河和皇家气派相协调;南方的青瓷则采用灰青或翠青釉色,与江南的山水园林相得益彰,展现了地域文化的差异和特色。

隋代,青瓷技艺的进一步发展推动白瓷的产生。通过精细控制胎釉中的铁元素含量来控制色彩的呈现,当含铁量低于1%时,瓷器的色泽可从青绿色转变为纯净的白色。这种技术的突破不仅标志着瓷器颜色控制技术的进步,也预示了白瓷作为一种新的艺术形式的兴起。

到了唐代,随着社会经济的繁荣和文化的开放包容,陶瓷艺术也迎来了黄金时期。唐代的陶瓷以其博大清新的艺术风格和浑厚有力的造型而著称,越窑青瓷(图6-1)和邢窑白瓷(图6-2)成为当时最有名的两大瓷器系列。越窑青瓷釉面莹润,仿自然形态栩栩如生,器型简洁,胎体细薄;邢窑白瓷器型精美,胎质细腻,装饰简朴。

图 6-1 越窑青瓷(叶喆民,2004) 图 6-2 邢窑白瓷(叶喆民,2004)

宋代标志着中国文化史上的一个理性化时期，其陶瓷艺术达到了前所未有的高度。宋瓷以其素淡含蓄、端庄挺秀、恬静幽雅的独特魅力著称。在这个时期，陶瓷制作开始使用石灰-碱釉，这一材料的应用提升了釉面的光泽度，使其醇厚丰满。与此同时，宋代山水画的盛行对陶瓷艺术也产生了影响。陶瓷装饰主题广泛借鉴书法、诗文，并融入山水、花鸟鱼虫图案。在宋代，陶瓷业的发展达到了顶峰，尤其是诞生了五大名窑（定窑、汝窑、官窑、哥窑、钧窑）。除此之外，宋代的对外贸易也对陶瓷产业有着重要影响。北宋朝廷在福建泉州设立了市舶司，将泉州刺桐港作为海上丝绸之路的起点。福建德化更是凭借其地缘和资源优势，大力发展陶瓷产业，以青白瓷和白瓷为主的陶瓷产品成为海上丝绸之路的重要出口货物。

在元代，青花瓷成了该时期陶瓷艺术最具代表性的成就。除青花瓷外，元代还推出了多种新的色釉和陶瓷品种，陶瓷工艺得到了显著的发展和创新。为了进一步推动陶瓷产业的发展，朝廷在江西景德镇成立了浮梁瓷局，这是一个专门负责宫廷用瓷生产的政府机构。浮梁瓷局的建立，不仅体现了朝廷对制瓷业的重视，而且对景德镇陶瓷业的繁荣起到了关键的推动作用。通过朝廷的监管和支持，景德镇的制瓷技术和产量都得到了快速发展，景德镇因此逐渐成了中国乃至世界闻名的瓷都。景德镇瓷器的创制，不仅为宫廷提供了精美的日用和礼仪陶瓷，也促进了景德镇瓷器文化的形成和传播。

在明代，陶瓷实现了全面的发展，其敦厚、端庄、逸趣、秀美的风格使之在中国艺术文化中占据了特殊的地位。这一时期，景德镇的彩瓷工艺，在传统的釉下彩技术的基础上发展出了釉上彩（包括五彩瓷和三彩瓷），以及将釉上彩和釉下彩相结合的斗彩技术。同一时期，福建德化以其"中国白"瓷著称于世，这种纯净的白色瓷器以其逼真的宗教人物雕塑而闻名，这些雕塑不仅造型精确，而且风格高雅、富有神韵。在这个过程中，出现了一批著名的陶瓷艺术家，如何朝宗、何朝水、林朝景等。

清代是中国陶瓷发展的又一个高峰，其艺术风格为质精艺重，精巧华美。在清朝统治者的鼓励和推广下，青花瓷、粉彩瓷及珐琅彩瓷等精美的瓷器取得了显著的艺术成就，这些瓷器上的绘画装饰不仅精细豪华，而且部分作品融入了西方艺术元素，反映了中西方文化交流与融合的复杂过程，并引发了多元化的审美体验。

（3）陶瓷工艺与乡土文化

陶瓷工艺受乡土文化的滋养，而这些工艺品又以其独特方式展示了乡土文化的特色。日用及装饰瓷器因其实用性，普遍存在于广阔的农村景观到细节的餐饮习惯中，展现了其在日常生活中的广泛应用。陶瓷的坚韧与持久性更使其成为承载乡土文化的理想媒介。例如，新石器时代的彩陶与黑陶，尤其是仰韶文化中的人面鱼纹彩陶盆和舞蹈纹彩陶盆所描绘的图案，生动地记录了古代社会的生产技术和生活情趣，为研究古代人民的生活方式提供了宝贵佐证。此外，工艺美术家将乡土文化的精髓注入其作品中，通过精细的手工艺技术，将陶瓷工艺品转化为乡土文化的高雅表达，从而为传统文化的传承和发展开辟了新途径。这一过程不仅加深了人们对乡土文化与陶瓷工艺相互依存关系的理解，也提升了对传统文化价值的认识。

6.1.2.2　刺绣工艺

　　刺绣，作为中国民间美术的一种表现形式，是纺织艺术中的重要门类。刺绣工艺历史悠久，已有超过4000年的历史。在原始社会，不同的部落与氏族通过独有的图腾来显示身份与归属，这些图腾不仅是身份的象征，也反映了早期社会的文化特征。随着生产力的进步和纺织技术的发展，人类开始制作麻布、毛织品和丝织品。伴随着装文化的演进，图腾纹样的装饰方式也发生了转变，从简单的涂饰发展到绣制于衣物之上，刺绣艺术初步形成并得到发展。

　　刺绣是一种在织物上进行创作的艺术形式，通过运用不同的织物、颜色和针法来实现。它与人们的生活密切相关，并在各个领域（如衣着、饮食、住宿和日常生活）中扮演着独特的角色，不可替代。尽管民间刺绣遍布全国，但各个地区的刺绣在风格表现、题材选择和材质技法方面存在差异。例如，苏绣、湘绣、蜀绣、粤绣被誉为"四大名绣"，它们以平整、齐整、干净、匀称和细腻的风格而闻名，在效果上能够表现出山水远近和亭台楼阁的深浅，使刺绣在某种程度上类似于水墨丹青绘画。而陕西的乡俗刺绣则具有粗犷、朴实和独特的特点，其在刺绣纹样的色彩搭配、构图处理和针法运用上都体现了黄土高原人民豪放的地域特色，整体风格原始而粗犷，造型简洁而富有冲击力。

6.1.2.3　剪纸艺术

　　剪纸艺术是中国传统民间艺术形式之一，其根源可追溯到原始的造型艺术，包括岩画和彩陶图案等。这些艺术作品中的概括性、夸张性及象征性的表现手法，为剪纸艺术在构图与造型方面的发展奠定了基础。伴随着剪刀、刻刀等劳动工具的进步和普及，剪纸艺术在春秋战国时期开始向剪影镂空艺术转型，发展出了贴花和透雕等多样化的艺术形式。

　　魏晋南北朝时期，随着造纸业的兴起和纸张的普及，开始将纸质材料应用于各种祭祀活动中，如制作纸钱、纸人和纸帽等祭祀用品。虽然这些应用于祭祀的纸制品并不直接属于剪纸艺术的范畴，它们的出现却显示出已经开始将纸张用作剪镂艺术的基本材料，代替了之前的其他材质，标志着剪纸艺术形式的正式确立。

　　隋唐时期，随着经济的蓬勃发展和社会的稳定，纸制品的应用在民间生活中变得极为广泛。这一时期，随着民俗活动的盛行，剪纸活动也随之兴起，体现在清明节使用纸钱和端午节剪制虎头图案以驱邪避祟等习俗中。此外，剪纸艺术不仅局限于节日庆典，也体现在日常生活的方方面面，如用作陶器、刺绣、漆器等物品的装饰图案，这些应用反映了剪纸艺术在当时社会中的广泛影响力和深远意义。

　　宋元时期，剪纸艺术经历了形式和内容上的多样化发展。在这一时期，红色剪纸作为婚礼装饰广受欢迎，象征着对新人的美好祝愿；白色剪纸则用于丧葬仪式中，以表达哀悼之情；巫术活动中的剪纸应用于求子、驱除邪灵、医治疾病等方面。此外，剪纸艺术的丰富性也为宋代皮影戏的繁荣提供了艺术基础，一些地区至今仍保留着表演皮影戏的传统。进入元代，剪纸艺术主要聚焦于戏曲题材，反映了当时浓厚的民间文化氛围。

然而随着现代工业化进程的加速，明末清初剪纸艺术面临着衰落的局面。直到中华人民共和国成立后，剪纸艺术才再次受到人们的重视。

从区域的视角来看，民间工艺美术是一种承载着丰富地域文化传统和历史意义的艺术形式。它代表了一个地区的独特文化符号和民族精神，能够反映当地的风俗习惯、民间信仰、价值观等。通过民间工艺美术的制作和欣赏，人们能够更好地了解和传承地域的文化遗产。

从全局来看，乡土工艺美术承载着中华民族悠久的历史和传统文化，是中国文化遗产的重要组成部分。这些工艺品通过世代相传的手工技艺和艺术表达，保留了中国古代智慧和审美观念。它们展现了中华民族独特的文化特色，是中国历史文化的重要见证和记录。传承和保护民间工艺美术有助于维护和弘扬中国传统文化，使其得到更广泛的认知和欣赏。总之，乡土工艺美术不仅蕴含艺术上的美感和创造力，更是文化传承、审美观念和社会价值的集中体现。它承载着丰富的历史和文化信息，具有独特的审美价值和艺术魅力，对于促进文化多样性和社会发展具有重要作用。

6.1.3 乡土工艺美术特点

乡土工艺美术既是广大乡村地区文明特色的集中体现，也是每个乡村独特精神文化的象征。它不仅是一种艺术形式，更是一种深深根植于特定地域和时代的文化符号。其特点主要体现在以下五方面。

6.1.3.1 鲜明的时代特征

由于不同时代的自然环境和社会环境存在着巨大差异，文化所依托的"土壤"也随之发生巨大变化，这些变化在乡土工艺美术中得到充分体现，展现出强烈的时代特色。在旧石器时代，生产力水平低下，文化风格朴素简单，因此，这一时期的乡土工艺美术呈现出质朴、浑厚的特征；到了春秋战国时期，出现了百家争鸣的局面，因此，在此期间的乡土工艺美术一派是自由奔放的；隋唐时期，对外交往频繁，乡土工艺美术融合了异域民族之精华，展现出瑰丽、浓郁的风格，有的甚至充满了浪漫奔放的异国风情；宋代的乡土工艺美术达到了一个完美的范式和境界，整体呈现出沉静典雅、平淡含蓄的特征。元代，由于受到游牧文化的影响，乡土工艺美术趋向粗犷、豪放和刚劲；明代，商品经济逐渐发展，市民文化勃兴，这为乡土工艺美术的发展提供了有利的社会环境，呈现出一种大方、明快、端庄、敦厚的艺术风格，无论是陶瓷、家具还是其他工艺品，都注重整体的和谐与平衡，追求形式与功能的完美结合，既体现了明代人们的审美追求，也反映了当时社会的繁荣与稳定；清代，高水平的工匠辈出，精良的技艺使乡土工艺美术更追求典雅精致。

6.1.3.2 强烈的地域特色

在特定地域范围内，不同的自然环境、历史文化、民俗风情等都会影响乡土工艺美术的形成与发展，体现出强烈的地域特色。就刺绣工艺而言，北方刺绣多受宫廷文化影响，图案设计寓意深远；江南地区的刺绣工艺则受水乡文化熏陶，风格秀丽婉约，技法细腻柔和，体现了水乡文化的柔情与雅致。而我国南北陶瓷工艺在原料、生产工艺、造型特征、釉色品种及窑炉结构等方面也同样存在明显的差异。北方瓷器在造型上呈现出厚重浑圆、粗犷质朴的风格，而南方瓷器则多为清新、秀美的风格；由于原料及南北陶瓷的烧成气氛和工艺均存在差异，北方陶瓷制品色调白里泛黄，而南方陶瓷制品色调则白里泛青。上述为乡土工艺美术南北差异的表现，而在更小的地域范围内，因乡土文化、乡村主流思想引领及经济水平不同，不同村社的同一工艺也会呈现出不同的地域特色。

6.1.3.3 材料选择的就近性

乡土工艺美术在材料的选择上贴近自然，创作者通常因地制宜、就地取材，充分利用当地特有的自然材料和环境资源，将自然元素巧妙地融入乡土工艺美术作品中。例如，砖材色泽浓郁沉稳，给人以温暖亲近之感；石材则带有质朴的气息，无论是未加工的毛石还是几经雕琢的卵石，都能够融入乡村环境；竹材轻便且富有韧性，常用于制作各种乡土工艺品；再如南方地区常见的橘木根、杜鹃根等，可用于根雕艺术创作，而北方地区的黄荆根、柏树根等，因其质地坚硬、形状多变，是根雕艺术创作的理想材料。这些材料在民间艺人的手中，通过巧妙的构思和精湛的技艺，被赋予了新的生命和形式。总的来说，乡土工艺美术的材料选择体现了对自然的尊重和利用，也展示了劳动人民的智慧和创造力。这些天然材料承载着深厚的地方文化和民族传统，使得乡土工艺美术蕴含独特的魅力和价值。

6.1.3.4 与社会发展水平相适应

在不同的历史时期和社会阶段，人们的生活需求和技术水平都会有所不同，直接影响到工艺美术作品的创作。在农耕社会，人们更注重产品的实用功能，因此，乡土工艺美术作品多以生产农具、生活用品为主；而在现代社会，随着人们生活水平的提高和审美观念的变化，人们更注重精神层面需求和审美上的享受，在乡土工艺美术作品的生产过程中更注重其装饰性和艺术性。同时，技术进步也为乡土工艺美术作品的创作提供了更多的可能性，使得作品在技艺和形式上都有了新的突破。

6.1.3.5 共同的审美情趣

作为一种社会现象的产物，乡土工艺美术作品往往能够反映出当时社会的审美观念和情趣。无论是色彩的运用、造型的设计，还是图案的象征寓意，都体现了人们对美的追求和向往，其审美与情趣也是一定范围内乡土社会文化认同的集中体现，使乡土工艺美术具有更深厚的文化内涵和社会价值。

6.2 影响乡土工艺美术的因素

乡土工艺美术是自然环境、社会环境与劳动人民智慧相互交融、共同作用的结果。自然环境为乡土工艺美术提供了丰富的素材和灵感，社会环境则对乡土工艺美术的风格和内涵产生了深远影响，而劳动人民智慧则是乡土工艺美术形成的核心力量。

6.2.1 自然环境

乡土工艺美术作为一种文化现象，离不开它的生成环境。文化生成环境可以大致分为自然环境和社会环境，自然环境又是其中的基础。自然环境与乡土工艺美术之间存在着紧密的关系，乡土工艺美术作为一种地域特色和民族特色的艺术形式，深受当地自然环境的影响和启发。下文将通过对竹编工艺、陶艺、木雕工艺的介绍，探讨它们如何受到自然环境的影响并体现出乡土特色。

6.2.1.1 竹编工艺与山地环境

竹编工艺是中国传统的乡土工艺美术形式之一，它常常与山地环境密切相关。在山地地区，竹子生长茂盛，成了当地人们生活的重要材料来源。竹子的纤维柔韧、质感自然，使其成为理想的编织材料。艺术家利用当地的竹子，运用竹编技法创作出了许多精美的竹编艺术品。

竹编工艺的设计和形态常常受到山地环境的影响。艺术家从自然中汲取灵感，将山地的景观、植物、动物等元素融入作品的设计中。例如，一些竹编篮子可能会采用植物图案来点缀，使其更具地域特色；而一些竹编灯具可能会采用山地植物的形态来设计灯罩，使灯光透过竹编时呈现出特殊的效果。这些作品不仅体现了竹编工艺的独特之美，同时展示了山地环境对艺术创作的深刻影响。

此外，竹编工艺也与山地环境的生活方式密切相关。在山地地区，人们经常使用竹编制品来应对当地的生活需求，如竹篮用于采摘水果和蔬菜、竹凳用于休息、竹制容器用于贮存食物等。这些竹编制品既适应当地人们的生活习惯，又与山地环境的自然特色相契合，体现了乡土工艺美术与自然环境的有机融合。

6.2.1.2 陶艺与河流环境

陶艺作为另一种具有乡土特色的工艺美术形式，与河流环境有着密不可分的深厚联系。河流作为自然环境中重要的水源和交通通道，为陶艺提供了宝贵的资源和灵感。

艺术家用泥土塑造出陶罐、陶盆、陶壶等各种陶艺品，其上纹样的灵感常常从水的流动、岸边的景观、水生植物等方面获取，因此，这些作品常采用流线型设计（图6-3），仿佛蕴含着水流的动感和变化。同时，一些陶艺品的表面装饰也采用了河流环境中的元素，如鱼、虾、莲花等，使作品更具自然之美。此外，河流环境中的陶艺制作受到当地生活方式的影响。河流为陶艺家提供了充足的泥土资源，使他们能够开展丰富多样的陶艺创作。河流也为陶艺品的烧制提供了重要的条件，如陶瓷炉的取水、烧制过程中的湿度调节等，这种紧密的关系使陶艺作品与河流环境密切相关，成为当地文化的重要组成部分。

6.2.1.3　木雕工艺与森林环境

与森林环境密切相关的木雕工艺，可以说是具备乡土特色的工艺美术形式中的典型。在森林地区，丰富的木材资源为木雕工艺提供了宝贵的素材。木材的纹理和质感使其成为理想的雕刻材料。艺术家利用当地的木材，运用传统的雕刻技法创作出各种精美的木雕艺术品。

图 6-3　陶艺品的流线型设计

木雕工艺的设计和形态常常受到森林环境的影响。艺术家从自然中汲取灵感，将森林中的动植物、景观、自然纹理等元素融入作品的设计中。例如，一些木雕雕塑可能会以森林中的动物为主题，展现它们的生动形态和神秘气息；而一些木雕器皿可能会运用树木的年轮纹理作为装饰，使其更具自然之美。这些作品不仅体现了木雕工艺的精湛技艺，同时展示了森林环境对艺术创作的深刻影响。

此外，木雕工艺也与森林环境的生态保护紧密相关。在当今环境保护意识提高的形势下，艺术家越来越注重选择环保的材料，倡导木材的可持续利用。一些木雕艺术家还通过作品呼吁保护生态，唤起人们对森林的保护意识。

综上所述，可以看到自然环境是乡土工艺美术创作的重要源泉和灵感之所在。工艺美术作为一种传承和展现地域特色的艺术形式，与自然环境的关系不仅体现在创作灵感上，还体现在材料选择、艺术形式与主题、环境保护等方面。乡土工艺美术通过与自然环境的紧密结合，展现了地域特色和民族文化，也提醒人们保护和尊重自然环境的重要性。

6.2.2　社会环境

乡土工艺美术作为一种体现地域特色和民族特色的艺术形式，紧密融合于社会文化环境中，承载着历史、传统和民族精神。社会环境因素较多，本节选取2~3个具体的工艺美术案例，探讨它们如何滋养乡土工艺美术的特色。

6.2.2.1　女性地位提升与刺绣工艺

刺绣工艺是中国传统的乡土工艺美术形式之一，它与中国历史文化发展和女性地位变迁密切相关。在中国古代社会，女性的社会地位相对较低，往往将她们限制在家庭和社区中，没有太多的机会参与公共事务。在这样的社会背景下，刺绣成了女性表达情感、施展才华的重要途径。

刺绣工艺在不同历史时期和地域展现出了不同的风格和特点。在封建社会中，刺绣常常用于装饰宫廷、贵族家庭和寺庙等地，呈现出华丽、细致的特点。而在农村地区，妇女通过刺绣来装饰家庭用品，如衣物、被褥、帷幕等，展示了她们的勤劳和智慧。这些刺绣作品不仅是艺术的表现，更是女性文化的载体，传递着家族、社区和乡土之间的情感。

随着社会的变迁，女性地位逐渐提升，刺绣工艺也发生了演变。在现代社会，刺绣不再局限于传统的应用领域，而是以新的形式和风格呈现。一些刺绣艺术家将传统的刺绣技法与当代艺术元素结合，创作出具有独特风格的现代刺绣作品。这些作品不仅展示了刺绣工艺的传统魅力，同时体现了女性在当代社会中创作和表达的自由性。

6.2.2.2 商周礼仪与青铜器

具有深厚历史底蕴与独特文化内涵的青铜器，是我国古代重要的乡土工艺美术形式之一，与中国历史文化的传承息息相关、密不可分。青铜器作为一种古老的铸造工艺，在中国历史上有着重要的地位，其沉着、坚实、稳定的器物造型，体现出商周时期社会的礼仪制度和信仰。

商周时期的青铜器纹饰以饕餮纹为突出代表，它不同于神异的几何抽象纹饰，而是具体的动物形象，是原始祭祀礼仪的符号和标记，也是神秘、恐怖、威吓的象征。在商周时期，青铜器大多作为祭祀的"礼器"，供献给祖先或铭记自己武力征伐的胜利，而吃人的饕餮恰好可以作为这个时代的符号。各式各样的饕餮纹样和相关纹饰及造型、特征呈现出一种威武、强大的力量之美和狞厉的美。青铜器上形象怪异的、雄健的线条，深沉凸出的铸造刻饰，以及蕴含着的不能用语言来表达的原始宗教情感、观念和理想，构成了青铜艺术狞厉之美的本质。

郭沫若（1935）指出殷周青铜器可分为四期：滥觞期、勃古期、开放期和新式期。滥觞期青铜艺术初兴，造型粗糙、纹样简单；勃古期即成熟期，该时期的青铜器最具审美价值，以"鼎"为代表，形制雄浑厚实，纹饰狞厉神秘，刻镂深重凸出；随着社会生产力的提高及铁器牛耕的大量普及，开放期形制较前期简单，刻镂也更浅；新式期的青铜器可分为堕落式与精进式，堕落式日趋简陋，多无纹缋，精进式轻灵，纹样和刻镂也更浅细。由此可见，青铜器的造型、纹样和刻镂常受到社会文化环境的影响。到了春秋战国时期，青铜艺术已对美展开有意识的追求。战国时期中山王墓出土的青铜器，除了那不易变动的"中"形礼器还保留着古老图腾狞厉威吓的特色外，其他都已经理性化、世间化，体现着时代变迁中的社会文化影响。春秋战国时期青铜器上的纹饰以宴饮和攻战为题材，通过各种活泼的人间图景表达对现实生活的肯定。

6.2.2.3 民间信仰与泥塑艺术

泥塑艺术是民间信仰的表征之一，常常用于寺庙、庙会等信俗活动中，以表达对神灵的崇敬和虔诚。

泥塑艺术历史悠久。在古代，泥塑常常用于制作佛像和神像，以供信仰者膜拜和敬奉。泥塑作品的创作技艺需要丰富的经验和熟练的技巧，艺人通过塑造形象、雕琢细节等方式，将神灵形象栩栩如生地呈现出来。

信仰的变迁也对泥塑艺术产生了影响。随着时间的推移，泥塑艺术不再局限于庙宇，而是逐渐走入民间生活。在一些乡村地区，人们利用泥塑艺术表达对自然、生活和传统文化的热爱。例如，江苏惠山泥塑，通过制作泥塑民俗人物、动物等形象，以展示当地的民俗风情和乡土特色。阿福是惠山泥塑的一个典型形象，传说人间有吃小孩儿的妖祟，于是上天派了具有神力的"沙孩儿"来降服怪兽。惠山地区就衍生出能够辟邪的大阿福（图6-4），现在大阿福已经成为无锡的重要文化标志之一。

图6-4 惠山泥塑大阿福

6.3 乡土工艺美术传承

乡土工艺美术是中国传统文化的重要组成部分，承载着丰富的历史、地域和民族特色。乡土工艺美术的传统智慧体现了人们对自然、生活和传统文化的理解和表达。本节将探讨中国古代乡土工艺美术的创作智慧，并分析其在新时代传承与发展中的使命。

6.3.1 乡土工艺美术传统智慧

乡土工艺美术是劳动人民智慧的结晶，是工匠的技艺传承、对自然材料的熟练运用，以及对地域文化的深刻理解相结合的产物。首先，乡土工艺美术的形成离不开工匠技艺的传承。工匠通常来自世代相传的手工艺家族，在不断地实践和摸索中，推陈出新，形成了各具特色的乡土工艺美术风格。其次，工匠们善于观察和利用当地的自然材料。通过巧妙的构思和精湛的技艺，将这些材料转化为具有实用价值和审美价值的工艺品，他们熟识每种材料的特性和用途，能够根据材料的质感和纹理，设计出与之相匹配的工艺作品。最后，对地域文化的理解也是乡土工艺美术形成的关键。工匠生活在特定的地域环境中，深受当地文化的影响和熏陶，在家族的培养和生活的历练下，不仅练就纯熟的手艺，更关键的是拥有许多行外人不具备的想象力和创造力，通过日常的观察和体验，深入了解当地的风俗习惯、历史传说和审美观念，将这些文化元素融入自己的工艺作品中，使得乡土工艺美术具有更深厚的文化内涵和更高的艺术价值。

6.3.1.1 材料选择与运用

乡土工艺美术的创作智慧在于艺术家对材料的选择和运用。在古代，手工艺人常常使用当地的自然材料，如木材、竹子、陶土等。他们通过对材料的加工和利用，发挥其特点，创造出独特的作品。例如，广东的玉雕工艺注重装饰细节，典雅秀丽，轻灵飘逸；湖南的竹编工艺则以其精巧的结构和独特的形式而闻名。这些作品融入了当地的自然环境、历史背景和生活方式，展示了独特的地域魅力。

6.3.1.2　工艺与技术创新

乡土工艺美术的创作智慧还在于对工艺与技术的创新。手工艺人通过不断尝试和实践，探索出独特的工艺和技术手法。例如，蜡染工艺中的热蜡绘技法、瓷器工艺中的青花瓷技法等，都是手工艺人通过不断创新和改进而形成的。这些创新不仅丰富了工艺美术的表现形式，也提升了作品的艺术价值和观赏性。

6.3.2　乡土工艺美术传承与发展

乡土工艺美术的智慧在传承和保护传统文化方面起着重要作用。乡土工艺美术作品通过对传统技艺的继承和发展，使传统文化得以保护和传承。这些作品不仅是传统文化的生动载体，也是对传统技艺的传承与发展，其还可以促进地方经济和文化产业的发展。乡土工艺美术作品常常具有地方特色和独特魅力，吸引许多游客和收藏家的关注。手工艺人通过创作和销售工艺美术作品，不仅推动了地方经济的发展，也为乡土文化产业的壮大作出了贡献。乡土工艺美术最为核心的部分是传统手工艺，在非物质文化遗产中占据着关键地位。从这个意义上说，传承乡土工艺美术本质上是传承传统手工艺。

传统手工艺的吸引力不仅在于其技术特点，更重要的是其潜藏的文化内涵。民族特色和地域特点赋予了传统手工艺独特的深意，这是它能够经久不衰的根本所在。这种基于传统手工艺的回归，其实也意味着将人们对传统手工艺品的欣赏，从所谓的"好奇"变成"习以为常"。如今，传统手工艺消费群体已经发生了转变，从原本的地方性小范围消费逐渐转变为广泛的消费。新时代，传统手工艺在审美价值、经济价值等方面有了新的追求。云贵地区的传统手工刺绣（图6-5）逐渐被机器刺绣所取代，曾经以手工艺为制作方式的服装边饰，逐渐被普通胶水代替，失去了原本的精致和独特。在此情况

图 6-5　麻江瑶族枫香染（引自：广西网官网）

下，传统手工艺这一乡土文化的表达媒介将逐渐消亡。因此，保护传统手工艺，对乡土文化的传承至关重要。

6.3.3 乡土工艺美术传承经验与策略

为了保护传统手工艺，我国各地成立了多个民间机构。贵州地区的乡土文化社便是其中之一，该公益性质的机构专注于本土文化遗产的维护，虽不追求商业利益，却在传统手工艺与地方文化传承方面扮演了关键性的领导角色。该机构的组织者，以贵州为基地，同时将视野拓展至全国范围，致力于在贵州东南部推广苗、侗、瑶等少数民族文化保护的意识和技能。他们采取的首要策略是通过改善当地居民的生计来促进手工艺的继承，进而深入探讨这些手工艺背后的历史与文化价值，其终极目标是引导当地社区减少对外来资本和机械化生产方式的依赖，从而恢复并维持手工艺的传统和地方特有的文化特色。

随着经济发展和科技创新，曾经辉煌的众多传统手工艺技术现已日渐黯淡。尽管政府已经推出措施来保护这些手工艺，但对于设计师和工艺美术从业者而言，还需要深入探讨根本性策略以应对传统手工艺逐渐衰亡的局面。单靠政策支持仅能提供临时解决方案，而非长久之计。提供物质支持只能满足眼前的需求，真正的解决之道是通过保护和强化传统手工艺产生和发展过程中的根本和精髓，动员大众的力量，保护这些传统手工艺的从业者及传承人，给予其政策支持或经济援助。只有让其制作的作品逐渐出现在人们的视野中，才算真正的保护和传承。

乡土工艺的传承和保护是一项具有挑战性的长期任务，需要政府、社会组织及每个人的共同参与和努力。通过加强对传统手工艺技术的研究和记录，可以确保这些珍贵的技艺不会失传。同时，鼓励年轻一代参与传统手工艺的学习和传承，培养他们对乡土文化的热爱和责任感。作为传统手工艺未来的传承者和发展者，他们的参与为传统手工艺注入了新的活力和创意。此外，应积极推动乡土文化的传统手工艺与现代设计的融合。通过创新和转化，将传统手工艺与现代生活需求相结合，使其展现出新的活力和魅力。这不仅能够吸引更多年轻人的关注和参与，也有利于传统手工艺在当代社会中的传播和发展。另外，可以将传统手工艺融入现代产品设计，创造出独特的艺术品和生活用品，以满足当代人的审美需求。再者，加强乡土文化的宣传和推广同样至关重要。通过举办展览、文化活动和工艺品展销等形式，让更多人了解和认识乡土文化的价值和魅力，激发公众对传统手工艺的兴趣和支持。同时利用互联网和社交媒体等渠道扩大乡土文化的影响力，吸引更多人关注和担负起传承乡土文化的责任，这样能够让乡土文化走进更多人的生活，让传统手工艺品成为大众熟知和喜爱的文化符号。

政府在乡土文化传承和保护方面应该加大支持力度，制定相关政策和措施，为传统手工艺的传承提供更多的资源和保障。鼓励企业和社会组织参与乡土文化的传承与发展，建立起政府、社会和市场的合力机制，共同推动乡土文化的保护和繁荣。

在推动乡土文化保护和传承的过程中，还需关注民众的参与和意识提升。教育是培养乡土文化传承者和乡土文化爱好者的关键途径之一。学校应将乡土文化纳入课程体系,开设相关课程,让学生从小就接触、了解和热爱乡土文化。同时,社区和社会组织可以举办乡土文化活动、工作坊和展览,让居民和社区成员亲身参与其中,增强对乡土文化的认同感和归属感。此外,国际交流与合作也是乡土文化传承和保护的重要方面。通过与其他国家和地区的文化交流,可以学习借鉴其保护和传承乡土文化的经验和方法,并将其运用于本土实践中。同时,也可以通过国际合作项目,推动乡土文化的传播和交流,让更多人了解和欣赏中国乡土文化的独特魅力。

继承和保护乡土文化需要长期而持续的努力,是每个人的责任,它不仅关乎着民族的文化自信和认同,也是传承历史与精神的重要方式。让我们携起手来,共同努力,为乡土文化的保护和传承贡献自己的力量,让乡土工艺在新时代继续绽放光芒,为子孙后代留下丰富而宝贵的文化遗产。

6.3.4 乡土工艺美术活化

乡土工艺美术的活化,即将传统乡土工艺与现代设计元素巧妙融合。在深入挖掘乡土文化的内涵的基础上,结合精湛的技艺和独特的创意,将传统工艺焕发出新的生机与活力。艺人运用现代设计理念,对传统工艺进行改良和创新,使其更加符合现代审美需求,同时保留了其深厚的文化底蕴。这些活化案例不仅展示了乡土工艺美术的无限魅力,也为传统工艺的传承与发展注入了新的动力。

6.3.4.1 苗族服饰之活化

苗族服饰文化承载着苗族悠久的历史,展现了从古至今生活环境的变迁,以及对美好生活的憧憬。虽然苗族没有本民族的文字,但凭借着苗家人强烈的认同感以及世代口传身授,将本民族流传千年的事件都一针一线地绣进了衣冠服饰当中。苗族服饰的图案凝聚了苗族人民的智慧,反映了苗家人独特的历史文化和审美情趣,同时承担着传承本民族文化的历史重任,从而具有文字的记录功能。因此,苗族服饰也被称为"穿在身上的史书"。

苗族服饰刺绣纹样主要有蝴蝶纹(图6-6)、龙纹、鸟纹、鱼虫纹等,其中,蝴蝶纹样的服饰较多,在衣服的衣襟、衣摆,裤子的裤脚、绣花鞋、打花带等都有体现。除了服饰纹样,还有各种蝴蝶形银帽花、戒指耳环等银饰品。在纹饰组合上也有多种形式,如单独的蝴蝶纹、蝴蝶花草纹、蝴蝶凤鸟纹、蝴蝶昆虫纹及似蝶似花的造型等。

图6-6 苗族服饰纹样中的蝴蝶纹(湖南博物院藏)

苗族龙与汉族龙的形象有很大的差

别。相比于汉族龙纹的权力象征及严格的使用制度，苗族龙纹比较小巧，颇具拙趣，也更加贴近生活。除了单独的龙纹，也有龙凤纹、山脉龙纹、蝴蝶龙纹和"二龙戏珠"等组合纹饰。

苗族将鸟视为繁衍生息的象征。苗族服饰中的鸟纹既有简单抽象的几何线条鸟纹，也有生动写实、栩栩如生的鸟纹样，还有很多鸟形银饰，如凤鸟等。

在苗族人心中，鱼、蛙、虫类具有很强的繁衍能力，所以苗家人在服饰上装饰鱼纹，以此表达多子多福的祈求。同时，鱼类是苗家人重要的食物来源之一，将鱼纹运用在服饰中，也是苗家人对鱼类表达尊敬和谢意的方式。

6.3.4.2 苗族蜡染IP设计

苗族蜡染是苗族乡土传统工艺，蕴含苗族人民对社会、自然及生活等的理解和感悟，具有独特的艺术魅力和深厚的文化内涵。开发苗族蜡染的文创产品及IP设计，有利于苗族蜡染乡土文化的传播。尤其是苗族蜡染IP设计，不仅能保留苗族蜡染独特的图案、纹样及色彩等传统元素符号，还能激发文化活力。如图6-7所示的IP设计，巧妙地融合了传统苗族服饰蝴蝶纹、苗族挂饰及头饰等，保留苗族蜡染的经典配色，将传统图案与现代流行的小女孩卡通形象进行艺术设计，传统与现代审美相结合，创造出新颖的IP形象和特色设计吸引受众关注苗族蜡染文化，为苗族蜡染的发展注入了新的活力，使其在现代社会中绽放出更加绚烂的光彩。

图 6-7　苗族蜡染 IP 设计（白艳萍　设计）

小　结

本章介绍了乡土工艺美术的基本内涵、分类及特征，并从自然环境、社会发展及劳动人民等方面分析了乡土工艺美术形成的影响因素。同时对不同文化背景下乡土工艺美术的适应性进行了探讨，介绍了乡土工艺美术传承的时代使命，提出了保护和传承策略。通过本章的学习，有助于学生较为全面地了解乡土工艺美术，引发关于如何在实际生活中实现乡土工艺美术的传承与发扬的思考。

思考题

1. 简述乡土工艺美术的主要类型。
2. 简述乡土工艺美术形成的影响因素。

推荐阅读书目

1. 中外工艺美术史. 李江. 人民美术出版社，2022.
2. 中国工艺美术史. 姚蕾. 北京理工大学出版社，2021.
3. 工艺美术审美与鉴赏研究. 梁永海. 黑龙江教育出版社，2021.

第 7 章 乡土饮食文化

饮食文化在中国文化中具有非常重要的地位，饮食不仅满足人类最基本的生存需求，更是一种文化的传承和情感的表达。乡土饮食文化伴随着中国农耕文明的发展，起源早，影响广，具有民族性和地域性，在中国社会的历史进程中发挥了极其重要的作用。

7.1 乡土饮食文化概述

农耕文明决定了中华文化的特征，广义的农业（包括农、林、牧、副、渔）在中国文化中起着决定作用。聚族而居与敬天惜时的农耕文明滋养了中国的乡土饮食文化，悠久的历史、广阔的地域与多样的民族，使中国的乡土饮食文化呈现出深厚的底蕴、丰富的内涵、独特的面貌。

7.1.1 饮食文化发展历程

7.1.1.1 先秦时期

早期先民茹毛饮血，通过采野果或者吃生肉来充饥，山林中动植物是原始人得以果腹的重要食物来源，《礼记·礼运》中记载："未有火化，食草木之实，鸟兽之肉，饮其血,茹其毛。"燧人氏发明钻木取火,教人熟食,《周礼》载"燧人始钻木取火,炮生为熟,令人无腹疾。"结束了远古人类茹毛饮血的历史,开创了华夏文明,人类和动物的文化鸿沟从此开始。

新石器时期,炎帝神农氏采集各种植物的茎、叶、果实,并亲自品尝,扩展了中国食材的范围,确立了中国食物中的植物种类,形成一部中国最早的影响至今的食材志《神农本草》。神农氏还发明耒耜作为耕地工具,实现了水稻的大面积栽种,开始了农耕和定居生活;神农氏发明陶器,使人们第一次拥有了炊具和容器,为保存、加热、制作发酵食品提供了可能。

《史记·五帝本纪》中记载黄帝"艺五种",还躬行"抚万民",倡导关心民食。用烹调方法来区别食品,可谓是食品烹饪史上的一大进步。

在人类发展的历史长河中,原始社会的人们从被动采集、渔猎到主动种植、养殖;饮食方式从最初的茹毛饮血到用火制作熟食;从无炊具的火烹到借助石板的石烹,再到使用陶器的陶烹;从原始的烹饪到调味料的使用;从单纯的满足口腹之欲到祭祀、食礼的出现。

原始社会的人们在饮食活动中开始萌生对精神层面的追求,食品已经初步具有文化的意味。这一阶段称为饮食文化的萌芽阶段。

7.1.1.2 夏商周时期

中国进入奴隶社会,统治者掌握了更多的生活资料,开始追求食品带来的口腹的享受,增加了食品的花色、品种,促进了食品结构的变化,引发了食品制作领域的一系列改革,产生了不断丰富的饮食文化。

(1)增加食品原料

商代的烹调原料显著增加,根据甲骨文和商代遗址的考古资料来看,商代的粮食作物为黍、稷、粱、稻、麻、麦等。调味品主要是盐和梅,有了咸、酸二味,还使用了香料调味品——花椒。肉类更多,仅殷墟挖掘出土的6000多件动物骨骼中就含哺乳动物29种。

(2)精进食物初加工

周代出现石碨,使谷物加工方法得到了飞跃。周人已懂得选择无病、无特殊腥臊异味而又健壮的畜禽,并能辨别畜禽各部位再施行宰割,肉类加工更为考究。

(3)开始食用冰

《诗经》中"二之日凿冰冲冲,三之日纳于凌阴",说的就是奴隶白天凿冰并将其存入冰窖的事。之所以如此,是因为夏朝的统治者为了消暑,每年都命奴隶在冬季贮藏冰块,以待酷夏使用。到商、周二代,上层社会在夏季吃冰块的现象已屡见不鲜。

(4)饮食器具和烹饪技术进步

商朝对烹饪起最大促进作用的是发明了铜器,饮食进入"铜烹时期"。商周王室用鬲煮水和食物。据史料记载,天子还专门设立了"庖正""膳夫"之类的官职,具体负责其食、饮、膳、馐事宜；吃饭时，使用九鼎，配以八簋，另有陪鼎三具；其中，九鼎分别盛放牛、羊、豕、鱼、腊、肠胃、肤、鲜鱼和鲜腊九种肉食，八簋盛放各种黍稷食粮，而三具陪鼎则盛放酒水和果蔬之类。

7.1.1.3 春秋战国时期

春秋战国时期百家争鸣，是中国学术文化、思想道德发展的重要历史阶段，奠定了中国乡土文化的基础，也为饮食文化带来繁荣。

（1）出现了南北食系

由于战争给人员往来、货物流通、信息传播及技术推广带来的诸多不便，再加上自然地理的差异，各地物产的不同，风俗习惯不一样，逐步形成了南北两大食系，即中原食系和荆楚食系，中原食系以粟、麦为主食，肉食主要为羊、猪、鹿之类，而荆楚食系则以稻米为主食，以鱼类为副食。

（2）注重饮食礼仪

春秋战国，人们分外注重饮食礼仪。即使居家过日子，也颇有讲究。据史书记载，日常进食应体现出孝亲敬师。孔子提出了一些关于饮食的教诲，如吃饭时不说话、不要吃得过饱、不要沉迷于饮酒等。

（3）肉食品相对紧缺

这一阶段粮食、蔬菜是普通百姓的主要食物。在上层社会仍保留着食肉的传统，因此，统治者被称为"肉食者"。周天子明确规定，诸侯没有特别理由不能随便杀牛；大夫不能无缘无故杀羊；士人不允许无故杀狗和猪。

（4）水产品备受青睐

在南方，当地水产品十分丰富，也深受人们喜爱。范蠡晚年就地养鱼，著《养鱼经》一书，这是我国第一部关于养鱼的著作。

（5）进入铁烹时期

该时期烹饪的一大进步就是铁的发明，铁制工具的广泛使用为烹饪提供了廉价、方便、实用的工具。炊具方面，锅的改进比较大。在一些经济发达地区，铁质锅釜崭露头角。铁质锅釜的出现催生了油烹法的盛行，使此时的饮食烹调技艺更加丰富、成熟。

7.1.1.4 秦汉时期

秦汉时期不但是中国封建王朝的开创时期，也是中国饮食史上的大变革时期。这个时期江山一统，农业、畜牧业、制陶业和冶金业都迈上了一个新台阶。汉代张骞出使西域，中外交流日趋广泛，烹饪原料、调味品种迅速增多，烹饪技术也显著提高。

（1）面食替代粒食

秦汉之前，主要以粒食为主，麦饭不易下咽也不易消化，被视为粗粝之食。秦汉石磨普遍，用小麦磨出的面粉又白又细又好吃。小麦开始身价倍增，人们改粒食为面食。秦汉之前，《路史》载"神农之时，民始食谷，释米加烧石之上而食之。"秦汉时期将粮食放进一种叫作甑的容器里，用火加热，成熟即为饭，烹饪方法从烤变成蒸。

（2）两餐向三餐转变

从汉代开始，传统的一日两餐制开始向一日三餐制转变，时称"三食"。第一顿饭时称"寒具"，一般安排在天色微明之后；第二顿饭时称"中饭"或"过中"，一般在正午时刻；第三顿饭时称"晡食"，一般在15:00~17:00。

（3）出现三大菜系

一盘菜肴的形成是与其悠久的历史与独特的烹饪特色分不开的，同时也受到这个地区自然地理、气候条件、资源特产、饮食习惯等诸多因素的影响。在秦汉时期，鲁、川、粤三大菜系已经形成。

（4）注重食养食疗

秦汉时期，人们重视食养食疗，并普遍认为"药补不如食补"。当时的人们一旦生了病，往往以食为药，实行饮食疗法。东汉名医张仲景给人治病时也经常使用食物，让患者"存津液，保胃气"。

7.1.1.5 三国两晋南北朝时期

三国两晋南北朝时期是中国历史上一个风云变幻、人口迁徙频繁的时期，如西晋末年永嘉之乱导致的中原移民大量南迁，东汉末年"五胡内迁"，迁徙融合，游牧文化与农耕文化相互影响，中原文化与江南文化大融合，稻作农业区、旱地农业区和游牧区三类饮食资源和饮食方式得以互补和交融，大大提高了我国饮食文化的水平。

（1）食品原料增多

北方游牧民族的大量内迁所带来的独特饮食文化，也为中原饮食文化注入了新鲜的活力，食品原料增多，使该时期的饮食朝着多样化的方向不断发展。

（2）烹饪技术交融

北方的面食（如烤烙饼、馅饼等）传到南方，南方的酿酒、豆制品制作、菜肴烹饪术传到北方。游牧民族的乳制品传到中原后，中原食品不但新增了酪，而且从酪生出酥，从生酥生出熟酥，从熟酥生出醍醐。

（3）饮酒之风盛行

社会动荡，人心压抑，或反抗现实，或逃避现状等，思想、社会、政治等各种因素交织，此时期社会各阶层都喜欢饮酒，有无酒不成礼、无酒不成席、无酒不成宴之说，形成一种崇尚饮酒之风。

（4）苏菜形成

两晋南北朝时期，中原混乱，北方民众纷纷南迁，不但给苏浙带来大批劳动力，广泛开辟了湖田，兴修水利设施，还带来了先进的生产技术，江南地区发展非常迅速。地处经济中心的江苏，饮食行业日益繁荣，其菜肴自然也日益丰盛、完善，很快便形成自己特有的风格。

7.1.1.6 隋唐时期

（1）菜肴多样

隋唐时期自然资源丰富，食材的种类非常丰富，除了传统的五谷杂粮、禽畜鱼肉和果蔬外，还有大量的野味、海味，荤素搭配，食材具有多样性的特色。隋唐时期，烹饪技术得到了大幅提高，出现了许多新的烹饪方法，如烹制肉类的炖、煨、烤等技法，烹制海味的蒸、煮等技法，以及使用各种调味料等，让菜肴更加多样化，以满足不同口味的需求。

（2）注重品味和美观

隋唐饮食注重菜肴美妙，不仅追求菜肴的色、香、味、形的结合，而且注重器皿的选择和摆盘的艺术性，让菜肴从视觉上给人以美的享受。

（3）分餐制逐步走向合餐制

隋唐之前，社会上流行分餐制，人们在饮食过程中席地跪坐，单桌单人进食，一直到隋唐时期，餐具的改进、高桌大椅的普及、食物结构的调整、饮食观念的转化等原因使分餐制逐步向合餐制过渡，两宋时期，从社会上层到平民家庭，再到集市商埠，合餐制得以确立。

7.1.1.7 宋代

宋太祖赵匡胤"杯酒释兵权"，鼓励官员多积累财富，追求享乐，上行下效，宋代人普遍形成了较为奢靡的消费观和重吃风。

（1）饮食的极致追求

宋代经济发展，百姓开始追求食物更高的层次——口感、味道。一道菜是否美味，食材，菜食的口感、味道、品相等都成了宋人所关注的问题，这就促生了调料的快速发展。

人们对饮食的精致追求，更进一步促使宋代社会诞生了花样繁多的美食。例如，《东京梦华录》中的"饮食果子"条，《梦粱录》中的"分茶酒店"条、"面食店"条及"荤素从食店"条等，其中所罗列的面食、小吃、点心等美食种类繁多。宋代的饮食多小巧而精致，色香味俱全，甚至包装都极其精美。

（2）素食的流行

唐代之前，人们均以肉食为美。宋代饮食追求精致，注重养生，这就促使了素食的盛行。宋代的素食既营养，又对身体健康极为有益。据《梦粱录》"荤素从食店"条记载，有很多"专卖素食分茶，不误斋戒"的菜肴，说明当时的蔬菜种类已经很多，人们善于利用蔬菜进行素食制作，在一定程度上促进了素食文化的发展。

（3）饮食与民间风俗的结合

饮食文化形成了系统性的风俗文化，饮食与民间风俗紧密结合，如南宋的清明节、元宵节、中秋节等风俗节日比较具有特点。宋代在节日上有着自己与之对应的独特饮食习俗，饮食文化与节日也都相辅相成，对后世饮食文化的发展产生了深远影响。

7.1.1.8 元代

元代是少数民族建立的朝代，饮食文化也具有一定的民族特点和异域风情。从元代定都开始，饮食文化就迅速发展，而且元代各民族之间的文化往来非常密切，饮食习俗也相互影响和交融，这也是形成元代独特饮食结构的原因。

（1）喜爱肉食

蒙古族一直以来以畜牧业为主，其餐食主要是肉食。他们平时会宰杀自己放牧的牛羊，还会经常去狩猎，所以人们在饮食过程中每餐必有肉，大口吃肉才能彰显蒙古族人的豪爽气概，这也是马背上的民族独特的饮食习惯。

（2）独特的饮文化

元代蒙古族人喜欢在草原上策马奔腾，性格比较豪爽和大气，在饮食方面不拘小节，习惯将酒放入皮囊中且随身携带，可以随时拿出来喝。蒙古族人喜爱的饮品是马奶酒，马奶酒的原料主要是马奶，将马奶经过均匀地搅拌和加工，制作出口感独特的饮品。饮汤是元代食疗的一种重要方法，民间流行的汤有熟梅汤、天香汤、须问汤等。

（3）宴会之风盛行

元统治者重视宴会，元代王恽《吕公神道碑》上说："国朝大事，曰征伐，曰蒐狩，曰宴飨，三者而已。"宴会是国之大事，也是百姓用以讨论各种事物、相互交往的重要场合。

7.1.1.9 明代

（1）饮食结构的变化

明代之前，南方的主食基本上都是大米，而北方则主要吃小米、小麦。自嘉靖年间起，北方也开垦了不少水田，栽种水稻，从而使大米成为主食之一。与此同时，小麦在南方也得到了进一步推广，一直推广到珠江流域，于是一些面食也渐渐出现在南方的餐桌上。

（2）由俭入奢饮食之风的形成

明建立之初，大力提倡勤俭精神，对宫廷及民间的饮食做了极为细致的规定，对饮食器皿方面也做出了规定，百姓只能用瓷、漆器。明代中后期，商品经济飞速发展，传统的社会经济秩序受到了冲击，朝廷不再强调节俭的饮食作风。明太祖时，官场上待客是四菜一汤，到了正德、嘉靖年间，吃饭时得有乐器舞蹈为伴，厨役治宴，服侍左右，钟鸣鼎食。

7.1.1.10 清代

清代是中国最后一个封建王朝，食材空前丰盛，饮食融合了满、汉两族的特点，无论是宫廷饮食、官府饮食还是民间饮食都出现蓬勃发展的趋势。

（1）注重菜品名称

清代自康熙年间起，清统治者十分注重菜品的名称，上行下效，在民间，一些餐馆也渐渐注重起菜品的名称来。于是起菜名成了当时的一种风气、一门学问。

（2）宴席瑰宝——满汉全席兴起

满汉全席兴起于清代，集合了满族与汉族菜系之精华，堪称历史上规模最为宏大的中华盛宴。这一巨型宴席通常包括108道菜品，需要3天才能品尝完毕。满汉全席取材广泛、用料精细、菜式考究、烹饪技术精湛，既有宫廷菜肴之特色，又有地方风味之精华，因而形成了令人瞩目的独特风格。

7.1.2 乡土饮食文化特点

中国饮食文化存在不同的层次结构，受经济、政治、文化地位的影响，各个层级的饮食文化在用料、技艺、排场、风格等方面存在较大差异。乡土饮食文化主要是指下层社会以果腹为基本需求生成的文化类型，在满足基本生存需要的基础上，也会升级追求审美的层次。

孔子的饮食思想代表的是中上层社会，因而有"食不厌精，脍不厌细。食饐而餲，鱼馁而肉败，不食。色恶，不食。臭恶，不食。失饪，不食。不时，不食。割不正，不食。不得其酱，不食"等说法，而乡土饮食则尽可能地追求自然朴素的烹饪方式，饮食制品很少有精细的花样，基本保持粗糙简单的饮食基调，充分利用食材并重视。乡土饮食文化是中国饮食文化的基础，大体具备以下特点。

7.1.2.1 乡土食材选取的广博性

我国地域广阔，东西跨度大，南北相距远，地理风貌与季节气候多有不同，各地域的动植物品类也有所不同。按照区域可分为东北、京津、黄河中下游、长江中下游、中北、西北、西南、东南、青藏高原等饮食文化圈。各文化圈的主要农作物、果蔬与禽畜有所不同，同时受到"靠山吃山，靠水吃水"观念的影响，可以充饥的生物多会纳入乡土食材的范畴，体现了乡土饮食取材的广博性，也体现了乡民在物资匮乏的困境下对自然界充分的认识与开发。

7.1.2.2 乡土饮食风格的多样性

尽管我国地域辽阔，较多时期处于大一统的政治统摄下，但受地理、环境、制度与文化的影响，乡民大多重土安迁，形成了相对封闭与稳固的区域饮食文化。区域乡土饮食文化风格多样，有"南甜、北咸、东辣、西酸"的说法。例如，北方冬天冷冻时间持续较长，新鲜蔬菜生长期短，因而冷冻食品、干菜、咸菜种类多、数量大；西北少数民族分布广，以畜牧业为主、农业种植为辅，因而奶制品和瓜果种植相对闻名；长江中下游地区饮食以稻米为主食，淡水河鲜丰富，口味重咸鲜。随着近些年来商业经济的发展，人口流动频繁，各区域交流紧密，加上交通运输的便捷，打破了区域饮食文化的壁垒，饮食风格有兼容的倾向。

7.1.2.3 烹饪章法灵活随性

乡土饮食文化并不着意追求精致的做工与烹饪技巧，更多地呈现出随意性。与中上层饮食文化格外重视烹饪技巧，讲究质、香、色、形、器、味等和谐统一，重视技艺的师徒、父子传承不同，乡土饮食往往受制于有限的原料，在简陋的条件下对食材进行加工。所用的原料多为就地取材，烹调方式也多采取简单的蒸、煮、炖、炒，会适当地选用相对复杂的卤、腊、腌、炸，烹饪的方式、技巧可以来自乡土社会世代相传的经验，也可以根据环境、条件的变化灵活处理。

7.2 乡土食文化理念

中国以农为本，农业受传统文化、地理环境与历史生态的影响极大。中国乡土饮食的食材主要来源于农业，因而呈现出鲜明的地域性与时令性特点，同时形成了重养助益充的养生论、五味调和的境界说和奇正互变的烹调法。

7.2.1 养助益充的养生论

传统文化注重天人合一、自然和谐的生活方式，形成了养助益充的养生观念。在乡土饮食层面，体现为膳食均衡，重视素食、药膳和进补。

7.2.1.1 膳食均衡

养助益充的关键是膳食均衡。从现代营养学的角度，要摄入足够的碳水化合物、蛋白质、脂肪、维生素、矿物质等营养素，才能提供人体生命活动所需要的能量。早在《黄帝内经·素问》中就提到了膳食均衡的观念："毒药攻邪，五谷为养，五果为助，五畜为益，五菜为充，气味合而服之，以补精气。此五者，有辛酸甘苦咸，各有所利。""五"是泛指，强调均衡。这种以谷物为主、瓜果肉菜为辅的膳食结构，体现了古人对膳食均衡的重视。

乡村在选择膳食食材时，侧重吃在当地、吃在当季。即便是易于贮藏和运输的主食，也呈现出鲜明的地域性。例如，黄河流域以黍、麦为主，长江流域以稻作为主，形成了南米北面的格局。其他地区，如藏南海拔高，以青稞为主；海南古时农耕落后，则以薯芋为主等。明末，马铃薯、甘薯、玉米相继传入中国，也成为主要的粮食作物。乡村的主食推荐粗粮和杂粮，认为粗粮比细粮养人；果蔬和肉食强调当季和新鲜，推荐就地取材，不提倡远距离运输的、反季节的或冷冻、冰鲜的食材；烹饪倾向传统、古朴的方式。乡土美食呈现出鲜明的地域性与时令性的特点。表7-1列出了桂滇黔民族地区各地代表性的特色美食。

表 7-1 桂滇黔民族地区各地代表性的特色美食（吴忠军 等，2020）

省 份	调研村寨	主要民族	代表性美食
广 西	平安壮寨	壮族	腊肉、糍粑、五色糯米饭、龙脊水酒、罗汉果茶
	程阳侗寨	侗族	鱼生、红肉、牛瘪、酸肉、酸鱼、酸鸡、酸鸭
	历村	汉族	阳朔啤酒鱼、土鸡等农家土菜，以及酿菜、米粉等特色小吃
	黄洛瑶寨	瑶族	腊肉、糍粑、熏肉及酢肉、打油茶、甜酒
	田头苗寨	苗族	
贵 州	西江苗寨	苗族	苗家糯米饭、糯米酒、土家菜、糟辣、酸笋、酸蕨、酸番茄、香肠、酸汤鱼、冻鱼、苗王鱼、白斩鸡、米酒
	郎德上寨	苗族	
	天龙屯堡	汉族	糍粑、苞谷粑、炕腊肉、血豆腐、干盐菜、干豆豉、糟辣子、辣子鸡烧豆腐
云 南	新华村	白族	寸氏家宴、火腿、乾酒、猪肝鲊、吹肝、米糕、八大碗、海菜汤、三道茶
	安中村	纳西族	酥油茶、丽江粑粑、八大碗、三叠水、杂锅菜

云南省云龙县邓诺村有"千年白族村"之称，古村饮食保留了白族菜的特色，烹调方法传承了滇菜酸、辣、甜、麻和鲜脆的特点。菜品有腊菜类的邓诺火腿、腊肉、香肠、吹肝；油炸类的鸡枞油、玫瑰糖夹沙乳扇、地参子、黄金片、香椿；炖煮类的酸菜鱼、砂锅鱼、邓诺火腿炖土鸡、千张、粉蒸牛羊肉、百合肉丸；炒菜类的火腿炒河鲜、野生木耳炒肉片、炒饵块、应季蘑菇、鸡枞；凉菜类的凉拌鱼腥草等。食材都为当地地产，融合滇菜风味，搭配合宜。

7.2.1.2 重视素食

素食养生历史悠久，自有农耕以来，蔬菜就成了重要的食材。后经道教、佛教的传扬，在民间蔚然成风。乡土素食以蔬菜（含根、茎、花、叶、种子）、菌类、笋类为主。食素格外讲究应季，孔子主张"不时，不食"，民间提倡"春吃芽，夏吃瓜，秋吃果，冬吃根"，都体现了对时令的重视。许多山野菜更是具有时令性，如蒲公英、香椿芽、马齿苋、灰灰菜、柳蒿等，口味独特，深受民众的喜爱。除了饱腹和尝鲜的原因，还有从大自然汲取新鲜生命力的寓意。比起种植的素食原料，乡民更喜欢野生自然的，认为野生食物在自然环境中长大，生机勃勃，更有营养，对健康更有益处。除了这些食材，豆腐因四季皆可制作，且可以替代动物蛋白，也成为素食的重要食材。受道教养生观念的影响，在四川这个道教的主要发源地，很多乡村都主打养生牌，吸引游客。

7.2.1.3 重视药膳与进补

药膳寓医于食，或在食物中加入药材同煮，或通过搭配食物使其具备药疗的效果，既美味可口，又有保健功效。药膳烹饪包含了中药学、食物营养学、中医调理等多学科知识，可针对不同的体质和疾病进行调理。《中国烹饪辞典》中列入的药膳原料有上百种之多，民间将这些药膳材料放入粥、汤、炖菜中，认为这些药膳食材组合，有助于增强营养吸收的效力。如江西药膳，有爆炒枸杞叶、肉炒车前草、木槿花蒸蛋、百合焖肉、油炸天门冬、淮山炖肉等菜品，颇有特色。江西宜春樟树是中国药都之一，樟树药俗被列入第一批国家级非物质文化遗产扩展项目名录，《江西樟树"中国药都"振兴工程实施方案》将"药膳"纳入"保护挖掘'中国药都'资源""研发特色旅游商品"等规划，当地挖掘出药膳菜谱（包括药菜、药点、药饮、药酒）近300道。当然，药膳虽好，推广也要合乎食品、药品相关法规的要求。

进补是在顺应自然的背景下，适度调养身体。中医认为，体有寒热，物有温凉，进补需要与季节、体质相搭配。根据个体的差异，采取平补法、清补法、温补法或峻补法进行补益。在乡村，多数人都有进补的意识，相信通过食物进补可以促进身体健康和康复。民间有"冬吃萝卜夏吃姜，不用医生开处方"的谚语，认为秋冬适当进补，可以增强体质、祛病强身，特别是冬至日，"冬至阳生"，此时补养，最能吸收。进补观念与药膳饮食相结合，形成了乡村饮食文化特有的风味。

总的来说，乡村美食注重的是自然健康、营养丰富和口感鲜美，同时重视食物对身体健康的作用和功能，强调从食物中获得养分和抵御疾病。党的二十大报告提出全面推进乡村振兴，建议发展乡村特色产业，拓宽农民增收致富渠道，统筹乡村基础设施和公共服务布局，建设宜居宜业和美乡村，为乡村旅游产业的发展指明了方向。乡土美食旅游，可以主打养生、无污染、纯绿色等特色，重视天然食材和养生的功效，必将有助于建设和美乡村，提升乡村旅游吸引力。

7.2.2 五味调和的境界说

五味调和是中国饮食文化的重要理念之一，强调饮食中五味的平衡。"五味"是指酸、苦、甘、辛、咸五种口味，它们应该在饮食中相互调和，使身体阴阳均衡，从而实现保健的效果。

五味调和的理念，可以追溯到先秦时期。《周礼》说："以酸养骨，以辛养筋，以咸养脉，以苦养气，以甘养肉，以滑养窍。"《黄帝内经》记载："天食人以五气，地食人以五味。五气入鼻，藏于心肺，上使五色修明，音声能彰；五味入口，藏于肠胃，味有所藏，以养五气。气和而生，津液相成，神乃自生。"《吕氏春秋·本味》记载伊尹与商汤的对话，伊尹说道："调和之事，必以甘、酸、苦、辛、咸。先后多少，其齐甚微，皆有自起。"不同地域的五味调和传统，反映了当地饮食文化的多样性和发展历程。早期的五味调和的说法，多与养生相关，随着历史发展，成为乡土饮食文化中不可或缺的一部分。

五味调和的实践，需要顺应自然、因时而异、因地而异、因人而异。

（1）顺应自然

顺应自然，是强调食材的本味。本味指原料本身的甘、酸、辛、苦、咸。清代袁枚《随园食单》提到"一物有一物之味，不可混而同之"。为了尽显本味，尽可能地选用鲜活的原料，采取清蒸、白灼等简单的烹调方式。如陕西菜主味突出，五味中只有一味"出头"。若要扬长避短，如一些海鲜或牛羊肉，本身具有浓重的腥膻气味，则要通过调配食材，改选复杂的烹饪方式，"用五味调和，全力治之，方能取其长而去其弊"。乡土菜既重视食物的本味，也会在处理一些特殊食材的时候重视佐料的调味，达到适口的效果。

（2）因时而异

因时而异，是指调和滋味要符合时序，注意时令。《礼记》中有"凡和，春多酸，夏多苦，秋多辛，冬多咸，调以滑甘"之说。南方夏日炎热，多以苦味解暑。如酿苦瓜是客家菜中有名的菜品，能够清凉败火。

（3）因地而异

因地而异，是指调和滋味要适应地理环境，民间有"北咸、南甜、东淡、西浓、中和"之说。齐鲁地区喜欢腌制食品，口味较重，如醢、菹、酱等。四川地气潮湿，喜食花椒、茱萸、生姜、辣椒。贵州、广西嗜酸，有"三天不吃酸，走路打蹿蹿"的俗谚。云南、青海、甘肃及高寒牧区的藏族，喜咸、淡、鲜、酸、香。珠江水系的广东等地，地处南方，气候炎热，喜清鲜、淡爽。各地自然条件不同，形成各区域乡村人民不同的饮食习惯。

（4）因人而异

因人而异，则是指调和滋味要根据个人的体质与口味而定，所谓"食无定味，适口者珍"。只有顺应天时、地利与人和，才能达到五味调和的理想境界。

日常生活中要实现五味调和，关键是挑选适合"时序""地宜"的食材，烹饪方法也要选取健康的方式。《吕氏春秋·本味》记载了烹饪之术："鼎中之变，精妙微纤，口弗能言，志不能喻，若射御之微，阴阳之化，四时之数。故久而不弊，熟而不烂，甘而不哝，酸而不酷，咸而不减，辛而不烈，淡而不薄，肥而不腻。"广泛采用各色食材，以味载道的中庸之理，采用烹饪技法的调和之术，才能达到五味调和的境界。

五味调和，既可以满足口感，也有益于健康。"味"是五味的泛称，"和"是食的理想状态。味有酸甜苦辣咸，酸可去腥解腻，甜能令人愉悦，苦可败火解毒，辣可以提振食欲，咸是百味之首。五味可以调和作用，但都不宜过量，否则反而会破坏本味，影响健康。

做到五味调和，一是浓淡适宜，二是注重各种味道的搭配，三是进食时不能偏食一味，否则会不利于健康。《黄帝内经》指出："味过于酸，肝气以津，脾气乃绝；味过于咸，大骨气劳，短肌，心气抑；味过于甘，心气喘满，色黑，肾气不衡；味过于苦，脾气不濡，胃气乃厚；味过于辛，筋脉沮弛，精神乃央。"强调了五味调和的重要性。

五味调和在中国乡土文化中占有重要地位，五味代表了不同的元素和功效，不仅让味道相互搭配，还要根据季节和体质调整饮食。但在乡村实际生活中，受限于地理气候、民俗习惯、物质条件等因素，个别地区存在五味失调的情况。

7.2.3 奇正互变的烹调法

烹饪法有奇正之分。正格为通行的厨规，奇格为变通的技法。乡村的烹饪之道，正中有变。所谓正格，是选择合适的食材和烹饪方式，尽量发挥食材的美味和营养；至于奇格，是不拘格套的发明或救急之举，能够利用有效的方式改善食品口感、减少食物浪费等。

7.2.3.1 化腐朽为神奇

奇正互变的烹饪法体现了中国的烹饪智慧。所谓烹饪智慧，是指在自然环境中选择食材，有目的地获取和准备食物，围绕主食所做的材料配置并形成烹饪技艺，建立饮食规则，包括用餐数量、次数和食物禁忌等。

奇正互变的烹调法既是工序，也是技巧和规则。无论哪种烹饪方式，都集中体现了劳动人民的创造性与才华。孔子等士大夫讲究食鲜，称"鱼馁而肉败，不食""色恶，不食""臭恶，不食"，乡村虽然也提倡食在当季，但更崇尚节俭，在湿热季节或食材过剩又缺少保鲜技术的情况下，往往会用晒干、腌制、发酵、熏制等方法贮存或改造食材，发明了干菜、咸菜、酱菜、泡菜、榨菜、腌菜等美食，并通过奇格的烹饪方法，化腐朽为神奇。

（1）干菜

北方有豆角干、辣椒干、土豆干等，南方有梅干菜、笋干、黄瓜干等，各种干菜泡发后，营养虽然不如新鲜蔬菜，但味道咸香，与肉炖炒，别有风味。一些地区将干菜发展成当地的特色美食，成为乡村振兴的重要产业。如四川巴中市巴州区大罗镇的黄花干菜于2013年被评为国家地理标志保护产品，随即在国内市场推出黄花糕、黄花饮品等产品。除干菜外，还有风干肉，如哈萨克族冬宰，一次要宰杀多只牛羊，为了便于贮存，便将切好的牛羊肉撒上盐，悬挂在檩条上，一周后点燃红松枝条，用浓烟和热气将肉慢慢熏干，经红松熏过的肉，肉质鲜红不易腐坏，腊肉（图7-1）便成了馈赠宾朋的特产。

（2）臭食

湿热地区食材容易腐化烂掉，民间随机应变，利用微生物发酵，创造出臭豆腐、臭腐乳、霉豆渣、豆汁儿、豆酱、豆豉、鱼露、虾露、蚝油等美食。南北方都各有特产，南方有浙江宁波"宁波三臭"（臭冬瓜、臭苋菜梗、臭菜心）、绍兴"蒸双臭"（臭苋菜梗和臭豆腐），徽菜臭鳜鱼（图7-2）、毛豆腐、赣南霉豆腐、吉安霉鱼，湖南长沙臭豆腐，湖北武汉臭干子，屯溪臭鳜鱼，广西螺蛳粉等；北方有黄豆酱、酸菜等，都是著名的特色美食。

图 7-1　乡里腊鱼尾蒸腊肉　　　　　　　图 7-2　湘江臭鳜鱼

鱼露是以鱼的副产品或鱼内脏为原料，加入30%～40%的盐，经过腌渍、发酵、日晒、过滤、熬炼等工序酿造出的汁液。鱼露味鲜，能够缓解酸味、咸味，是东南亚沿海等地常见的调味品。

（3）腊味

除发酵外，腌腊、糟醉、烟熏、泡制等，也是乡土的保鲜古法。各地土产不同，腊味也各有不同。湘、川、粤、皖被誉为腊肉的"四大派系"。湘西土家寨子几乎家家有火房，用柏枝、茶叶和茶果壳等点燃熏制腌好的生肉，数月后即可食用。除了猪肉外，鸡、鸭、鹅、鱼也是腊肉的材料。广东腊肉没有烟熏的环节，一般搭配亮色蔬菜或蒸做煲仔饭。四川腊肉佐以花椒类佐料，安徽腊肉焖蒸时会放在香樟木上，以增加香味。泡菜以四川泡菜和朝鲜族泡菜为代表，有脆辣、鲜甜的辣白菜、桔梗、萝卜等。

7.2.3.2　变废为宝

奇正互变的烹饪法，还体现为食材的变废为宝、烹饪技术的随机应变。民间为了避免浪费，会尽可能地物尽其用。像动物内脏、食物杂料、下脚料等，只要烹饪得法，都会成为风味别具的美食。如四川火锅、各地牛羊杂、烩菜等，多以动物内脏为主料。广东恩平牛蜡杂，除了常见的牛杂外，还加入了一味牛脚皮（牛脚跟头上的肉茧）；浠水酥鱼是将鱼的下脚料剁成小块，加上佐料炸制而成。一些下脚料制成的乡土美食经过改良，会成为地方名菜，如上海"糟钵头"的主料是猪内脏，"钵头"即下脚料之意，因为加入了陈年的糟卤，去掉了腥臭异味，最终从农家菜一跃成为上海的地方名菜。

自古以来，乡村主厨都会尽量利用原料，减少浪费，充分加工，巧妙地化腐朽为神奇，创造出许多具有独特风味的美食。近些年来，乡间还会适时引入外地、国外的烹饪原料，采取多种烹饪法，适应新的需要。

在地性是乡村美食的突出特点，采用有地域特产及不可替代的食材，结合地方传统工艺，配料、调料和水都是本地的，使用本地特色的土器皿。如北川羌族自治县曲山镇石椅村，凭借北川的独特气候，用绿色粮食及植被养殖出来的猪，味道鲜美，口感独特，其熏制成的腊肉，味道香醇，肥而不腻，是游客赞不绝口的美味。看似简单的乡村美食之所以有这样大的魅力，从很大程度上取决于乡村美食有着鲜明的本地特色和不可替代性。

7.3 乡土饮文化特色

中国的饮文化源远流长，每个地区都有其独特的传统与特色，主要体现在茶饮和酒饮两大方面。这些饮品既能满足人们的实际需求，也反映了地域文化和生活方式的多样性。

7.3.1 茶酒文化起源与发展

7.3.1.1 茶文化起源与发展

茶，源于中国，传播于世界，是世界三大饮料之首。茶是中国人的独特发现，代表了中国的文化美学。

（1）茶的起源

茶作为中国传统的饮品，距今已有5000多年历史，神农氏遍尝百草，得茶解毒，从此茶这种饮料进入人类生活。人工栽培茶树也有3000多年历史。早在先秦时代，巴蜀地区已有茗饮之事。地处我国西南地区的云南、贵州、四川等地是茶树的原产地中心地带。

（2）茶的品类

茶按季节可分为春茶、夏茶、秋茶、冬茶；按生长环境可分为平地茶、高山茶、丘陵茶；按茶区可分为西南茶区、华南茶区、江南茶区和江北茶区；按发酵程度可分为不发酵茶、半发酵茶、全发酵茶。茶的六大种类按照发酵程度递增，依次排序为：绿茶、白茶、黄茶、青茶、红茶、黑茶。

①绿茶　是不发酵茶，基本工艺为炒青、烘青、蒸青和晒青等。干茶讲究外形和色泽，色绿汤清。绿茶产地较多，几乎各产茶省区均有生产。著名品类有西湖龙井、洞庭碧螺春、信阳毛尖、六安瓜片、太平猴魁、黄山毛峰、南京雨花茶、恩施玉露、安吉白茶等。

②白茶　是微发酵茶，基本工艺为晾晒、干燥。干茶外表有白色茸毛，色白隐绿，汤色黄亮明净。主要产区为福建福鼎、政和、松溪和建阳等地。著名品类有白毫银针、白牡丹、寿眉等。

③黄茶　是轻发酵茶，基本工艺为茶叶杀青、揉捻、焖黄，然后烘焙干燥，汤色黄绿明亮。主要产区为四川、安徽、湖南、浙江、广东、湖北等地。著名品类有君山银针、蒙顶黄芽、霍山黄芽等。

④青茶　是半发酵茶，基本工艺为晒青、摇青、半发酵、杀青、揉捻、干燥，汤色

黄红。干茶色泽青褐，也称青茶。主要产区为福建、台湾等地。著名品类有武夷岩茶、铁观音、黄金桂、文山包种、冻顶乌龙、东方美人等。

⑤红茶　是全发酵茶，基本工艺为鲜叶采摘后经萎凋、揉捻、发酵，叶子变红后干燥，汤红叶红。可分为小种红茶、工夫红茶和红碎茶等。主要产区有福建政和、安徽祁门、云南澜沧江等地，主要品类有祁红、滇红、宜红、宁红、越红、湖红、台红等。

⑥黑茶　是后发酵茶，基本工艺为杀青、揉捻、渥堆、干燥。干茶油黑或褐黑，汤色乌泽褐红。主要产区有湖南、湖北、四川、云南、广西等地。著名品类有云南普洱茶、湖南黑茶、湖北老青茶、四川边茶、广西六堡茶等。

（3）茶的用途

茶的直接用途分为食用、药用和饮用几种。茶最早应该是生食，作为蔬菜或食物，与农耕社会以蔬为菜的习俗相关。三国时魏张揖《广雅》记载："荆巴间采茶作饼，叶老者，饼成，以米膏出之。欲煮茗饮，先炙其色赤，捣末置瓷器中，以汤浇覆之，用葱、姜、橘子芼之。"可见，当时已经直接用茶鲜叶煮作羹（粥）饮，我国西南少数民族现在仍保留食用茶叶的习俗。古人在食用过程中，发现茶具有清热解毒等功效。《神农本草经》载："神农尝百草，日遇七十二毒，得荼而解之。"

茶的药用价值，在当代也受到广泛重视。茶的饮用是在食用和药用基础上进行的。最初茶作为贡品，是中上流社会生活崇尚的饮品。西晋时期，把茶汤当作一种饮料或药汤，把饮茶活动当作艺术欣赏的对象或审美活动的一种载体。魏晋南北朝，采取汤渣同吃的羹饮法。唐宋时期，由饼茶发展为团茶，煎茶、斗茶成风，茶开始成为平民饮品。明代的炒青条形散茶，无须将茶叶碾成细末，只需要把成品散茶放入茶盏或茶壶，或直接沸水冲泡即可饮用，沿用至今，成为当今主流的饮茶方式。

（4）茶的发展

从地域来看，茶初兴于古代巴蜀，从秦统一到西晋，巴蜀都是茶叶生产和技术发展的重要地区。《华阳国志》载，武王伐纣时，巴蜀曾用茶"纳贡"。秦吞巴蜀后，饮茶习俗与种茶技术遂流传于中土。汉代开始，茶叶贸易初具规模，传播到湖南、湖北一带。东汉到三国时期，茶从荆楚传播到了长江下游的安徽、浙江、江苏等地。两晋时期，饮茶习俗传播到北方，南方种茶的范围和规模也有较大发展。唐宋时期，茶业发展迅猛，茶叶产地遍布全国各地，产茶区覆盖今四川、陕西、湖南、湖北、江苏、浙江、福建、安徽、江西等十几个省区。茶叶生产和贸易蓬勃发展，茶叶逐渐发展为举国的饮品，包括西北塞外。茶文化逐渐兴起，陆羽《茶经》、皎然《茶诀》等著作问世。茶道盛行，如宋代"点茶法"，对茶品质要求更加严格。明清两代，茶文化由重形式转向重精神内涵。同时，茶叶开始大量传到西方，成为中西贸易的主要物产。

7.3.1.2　酒文化起源与发展

（1）酒的起源

中国农耕文化发展较早，酒应该是农业生产的附带产物，采摘的野果与种植的谷物为酿酒提供了原料。《淮南子·说林训》称"清醴之美，始于耒耜"，《酒诰》称"有饭不尽，委余空桑，郁积成味，久蓄气芳。本出于此，不由奇方"，都认可酒起源于农耕文化。后人将酒的发明归功于传说中夏代的仪狄、少康（也称杜康），实际上中国酿酒的历史可以追溯到新石器时代，仰韶文化遗址出土了尖底瓮、漏斗等酿酒用具和制谷芽的浅坑，说明早在5000年前我国就有了谷芽酒。

（2）酒的品类

得益于中国农业的发展，中国酿酒的原料以谷物为主，也有以薯类或其他富含糖分的农副产品、野生植物及果实为原料的。

酒的品类丰富，除了根据原料分类外，还可以根据颜色、口味、质地、产地、酿造季节、取得酒汁的方法来分类。当下人们习惯把酒分为黄酒、白酒、果酒、露酒、啤酒等几大类。

①黄酒　是我国最古老的传统酒，主要以稻米、黍米、黑米、玉米、小麦等为原料，经过蒸馏，拌以麦曲、米曲或酒药，进行糖化和发酵酿制而成。按照含糖量的不同，可将黄酒分为干黄酒、半干黄酒、半甜黄酒、甜黄酒、加香黄酒等；按照酿造方法，可分为淋饭酒、摊饭酒、喂饭酒；按照酿酒用曲的种类，可分为熟麦曲黄酒、纯种曲黄酒、生麦曲黄酒、红曲黄酒、黄衣红曲黄酒、乌衣红曲黄酒等。黄酒名品有绍兴加饭酒、福建龙岩沉缸酒等。黄酒除了可以饮用，还可以制成药酒、烹调料酒。

②白酒　历史不如黄酒悠久，主要以谷物为原料，以大曲、小曲或麸曲及酒母等为糖化发酵剂，经蒸煮、糖化、发酵和蒸馏而成。白酒酒精度数高，无色透明。按照生产工艺，可将白酒分为固态法白酒、液态法白酒和固液法白酒；按照香型，可分为酱香型、浓香型、清香型、米香型、凤香型和豉香型等；按照原料，可分为粮食酒、瓜干酒和代用原料酒等。白酒名品有茅台酒、五粮液、泸州老窖、汾酒、古井贡酒、西凤酒等。

③果酒　是水果经破碎、压榨取汁、酒精发酵或浸泡等工艺制成的低度饮料酒。我国习惯用果实原料来命名果酒，如葡萄酒、苹果酒、山楂酒、黑加仑酒、猕猴桃酒等。按照酿造方法，可将果酒分为发酵果酒、蒸馏果酒、配制果酒等。葡萄酒是果酒的最大宗品种，按照颜色还可分为红葡萄酒、白葡萄酒、桃红葡萄酒；按照含糖量多少，可分为干葡萄酒、半干葡萄酒、半甜葡萄酒和甜葡萄酒等。果酒营养丰富，酒精含量低，色香味别具风韵。

④露酒　是以发酵酒、蒸馏酒、食用酒精与可食用辅助原料或食品添加剂等一起配制的酒精饮品。按照辅助原料，可将露酒分为花卉类露酒、果类露酒、芳香植物类露酒和滋补类露酒。露酒名品常见的有竹叶青酒、五加皮酒和莲花白酒等。露酒原料来源广泛，品种较多，多有保质期限。

⑤啤酒　是以大麦芽为主要原料，酒花、水等为辅料，经过糖化、酵母发酵等工序酿造而成的含有二氧化碳的低度酒。啤酒不是中国本土的酒，最早出现于公元前3000年左右的古埃及和美索不达米亚地区，后由埃及传至欧洲乃至世界各地。根据采用的酵母和工

艺，可将啤酒分为鲜啤酒（生啤酒）、熟啤酒。

（3）酒的用途

酒的直接用途有饮用、药用和食用。

酒作为饮品，有参与祭祀仪式、融洽人际关系等作用。作为药饮，种类不同，成分不一，药用价值也各不相同，一般可概括为驱寒、助消化、安神镇静、舒筋活血、消毒止痒、养生保健等。

酒不仅本身具有疗疾的功效，作为药引，还能帮助、促进许多药物内在作用的发挥。《黄帝内经》很重视酒的药用价值，多篇都提及酒的性质、功能对人体生理的影响。在药食同源的理念下，民间会用中草药或其他有食疗功效的原料调制药酒。需要注意的是，酒能强身治病，也能伤身致病，不可滥饮。

酒用于烹饪食用，可以增香、去腥、解腻，烹饪用酒俗称料酒，除专用的厨用料酒外，黄酒、白酒、啤酒、葡萄酒等都可充当料酒，著名的"汾酒牛肉""啤酒鸭"等就是用酒烹饪而成的。

（4）酒的发展

中国酒的历史可以追溯到上古传说时期，历经数千年的发展，酿酒技术不断改进，酒的品类、酿酒的规模皆蔚为大观，酒文化渗透到社会生活的方方面面。商周时期，酒作为祀天敬神的祭品，用于重大的典礼场合，《诗经》中"为酒为醴，烝畀祖妣""十月获稻，为此春酒，以介眉寿"的表述，印证了酒在先秦礼俗活动中的重要功用。秦汉时期，对民间实行"禁群饮"制度，但允许百姓在节日和重要典礼场合饮酒。隋唐时期，酒礼和酒禁开始放松。宋代粮食增产、城市化发展，酒开始融入乡村日常生活中，一般社交场合也可饮酒。元明清时期，酿酒的技术更为成熟，一些酒曲的制作工艺至今仍在使用，不仅传播到朝鲜、日本、印度、南洋及西方，也对现代发酵工业和酶制剂工业产生了深远的影响。

7.3.2 地域特色与乡土茶文化

乡土茶文化是指特定地区或乡村与茶相关的传统、习俗和价值观，是地方文化、历史和人际交往的重要组成部分。这种文化与当地的地理环境、气候条件、茶叶种植和制作方法、民族传统等密切相关，形成了独特的茶文化体系。

7.3.2.1 茶文化遗产

茶文化遗产是重要的农业文化遗产，是乡村振兴战略中可利用的现实资源。茶文化遗产在弘扬传统文化、助力乡村振兴等方面有着重要的科学价值和实践意义。农业农村部公布的七批"中国重要农业文化遗产名单"中有22种茶类文化遗产，都具有鲜明的地域特色。

第一批（2013年）：福建福州茉莉花种植与茶文化系统、云南普洱古茶园与茶文化系统；

第二批（2014年）：浙江杭州西湖龙井茶文化系统、福建安溪铁观音茶文化系统、湖北赤壁羊楼洞砖茶文化系统、广东潮安凤凰单丛茶文化系统；

第三批（2015年）：湖北恩施玉露茶文化系统、贵州花溪古茶树与茶文化系统、云南双江勐库古茶园与茶文化系统；

第四批（2017年）：安徽黄山太平猴魁茶文化系统、福建福鼎白茶文化系统、四川名山蒙顶山茶文化系统；

第五批（2020年）：江苏吴中碧螺春茶果复合系统、湖南安化黑茶文化系统、湖南保靖黄金寨古茶园与茶文化系统；

第六批（2021年）：江西浮梁茶文化系统；

第七批（2023年）：安徽歙县梯地茶园系统、福建武夷岩茶文化系统、广东饶平单丛茶文化系统、广西苍梧六堡茶文化系统、四川北川苔子茶复合栽培系统、四川筠连山地茶文化系统。

上述茶文化体系从地域层面来看，覆盖了福建、云南、浙江、广东、广西、贵州、安徽、四川、江苏、江西、湖北、湖南等重要的茶产区，以及福建安溪铁观音茶和福鼎白茶、云南普洱、杭州西湖龙井茶、安徽黄山太平猴魁、江苏吴中碧螺春、湖南安化黑茶、湖北恩施玉露茶等各产区的特色茶品类。

7.3.2.2 地域因素

茶受地理环境影响较大。茶喜温、好湿、耐阴，大多优质的茶叶多生长于北纬30°左右的茶叶黄金生产带，如西湖龙井、黄山毛峰、祁门红茶、洞庭碧螺春、太平猴魁、六安瓜片、君山银针、庐山云雾、信阳毛尖等，不同地区的土壤和气候条件会对茶叶的生长和品质产生影响。福建安溪并不在这条"黄金纬度"上下，但该地海拔较高，群山环抱，云雾缭绕，降水充沛，土质为酸性红壤，土层深厚，同样特别适宜茶树生长。再如福州特产茉莉花茶，因茉莉花喜阳忌阴，该地在光、温、水、热等方面，均为茉莉花生长提供了最适宜的生态环境，当地形成了"山丘栽茶树，沿河种茉莉"的种植格局。云贵高原地处我国西南地区，地形落差大、水系发达，加上南上的印度洋季风气候，孕育出众多的高山野生古茶树，如云南普洱古茶园与茶文化系统、贵州花溪古茶树与茶文化系统、云南双江勐库古茶园与茶文化系统，就是在高海拔地区以古茶树群落种质资源利用为特色的茶文化生态系统。四川盆地纬度较高，但得益于地形优势，气温高于同纬度其他地区，又因盆地边缘山地气温具有垂直分布特点，使得这里的山地降水充沛，适宜茶叶生长。其中，苔子茶作为四川北川特有的茶树种质资源，适应当地海拔高、温差大、云雾多、直射日照短等自然环境，成为野生茶树在北川特定的环境长期生长、进化形成的一个特有品种。

7.3.2.3 茶加工工艺

乡土茶文化通常与茶叶的栽培、采摘、加工和品鉴等环节紧密相连。它可能包括茶叶的种植和养护技术、茶叶的加工工艺和制作方法，甚至茶具的制作与使用方式。

这些传统和技术往往代代相传，逐渐形成了地方独特的茶文化传统。如福州以茉莉花茶窨制生产工艺闻名，湖南安化以生产黑褐油润的安化黑茶为特色；饶平单丛茶则形成了精细的单丛茶加工技法；歙县将坡改梯，利用梯地间自然高差，形成了以蜈蚣岭梯地茶园农业系统为典型代表的"山地森林-梯地茶园-村落作坊-溪井河塘"的良性农业生态系统等。这些地区人们的饮茶喜好，也与当地盛产的茶叶品类及加工工艺相关，如福建、广东、台湾等地喜欢乌龙茶，云南等边疆地区爱喝普洱茶，海南常饮大叶种茶等。

7.3.2.4 民族因素

乡土茶文化也受到民族因素的影响，不同的民族也有自己丰富多彩的茶文化，包括品饮艺术、饮茶方式。如蒙古族和维吾尔族的奶茶、苗族和侗族的油茶、傣族的竹筒香茶、佤族的盐茶、白族的三道茶、土家族的打油茶、琼中"黎苗"药茶等，或以茶作食，或以茶养生，或以茶消闲，风俗各异，但以茶待客在这一方面有很强的共性。不同民族对茶的加工和饮用方式各具特色，代代相传。如傣族的"竹筒茶"、哈尼族的"土锅茶"、布朗族的"青竹茶"和"酸茶"、基诺族的"凉拌茶"、佤族的"烧茶"、拉祜族的"烤茶"、彝族的"土罐茶"等。桂北民族油茶据说具有健胃消食、提神醒脑、驱寒祛湿等功能，其油茶制作技艺于2021年6月10日入选第五批国家级非物质文化遗产代表性项目名录。广东饶平单丛茶是汉人迁居到饶平凤凰山后，在畲汉融合的背景下掌握的一种茶树种植和茶叶加工技艺。四川苔子茶则融合了古羌茶制作技艺及古羌茶的冲泡技艺，是羌民的一种传统技艺，流传至今。

7.3.2.5 民风习俗

茶文化也与地方人民的生活方式和习俗有着紧密联系。例如，在我国四川省和重庆市，茶文化与火锅文化结合，人们喜欢在品尝辣味火锅时饮用茶水来解辣，这种习俗也反映了当地人民对食物的讲究和独特的饮食文化。茉莉花是福州的市花，泡温泉、喝茉莉花茶是老福州人的生活习惯。湖南保靖黄金寨是典型的苗族聚居村寨，茶文化也成为苗族文化的重要组成部分，在苗族传统节日"跳花节"上，当地青年男女还会在采茶、制茶过程中载歌载舞择偶，展示自身魅力和对美好爱情的向往。在黎平侗族油茶文化中，侗家姑娘会通过油茶来表达自己的爱意。广东饶平婚礼和葬礼时必备有茶水供亲人朋友饮用。

茶在婚俗中承担着重要的角色。一般来说，婚礼中的茶仪是指新郎和新娘向双方父母敬茶的仪式。这个仪式通常在婚礼的早晨进行，新郎和新娘分别向双方父母敬献茶汤。这个过程中，新郎和新娘要以恭敬的态度和言辞向父母表达对他们的感激和尊敬之情。父母则接受并品尝茶汤，象征着接纳和祝福新婚夫妇。这个仪式也是新婚夫妇向双方父母致谢的一种方式，表示对他们的养育之恩和支持。有些地区的婚礼中，新郎和新娘还要向亲友敬茶，表示对他们的感激和祝福。

乡土茶文化还常常与当地的传统节日、庆典和宴会等活动相联系。在这些场合，茶往往作为主要的待客之物，以展示主人的热情款待和对来宾的尊重。茶作为中国的国饮，在这些传统节日中扮演着宾主尽欢、亲情友谊的纽带作用。有时候，茶还会与其他乡土美食、音乐、舞蹈等文化元素相结合，形成独特的茶文化体验。江西婺源有茶艺表演节目农家茶、新娘茶、文士茶，江西赣州有"客家艺术一枝花"美誉的赣南采茶戏，赣北有瑞昌采茶戏等。

总体而言，乡土茶文化是地方文化、历史和人际交往的重要组成部分。乡土茶文化的生态体系既保留了乡村的自然生态，也能够为乡村旅游、乡村振兴提质增效。

7.3.3 人际交往与乡土酒文化

人际交往与乡土酒文化有着密切的联系。在农村地区，酒用于庆祝节日、喜庆婚丧嫁娶和其他重要场合，成为人们互相交往、表达感情和共同庆祝的重要媒介。乡土酒文化不仅是一种饮食文化，更是一种社交和人情味的象征。

7.3.3.1 酒与礼仪文化

酒在礼仪活动中，能使气氛更庄重。"乡饮酒"礼是中国古代盛行的饮食礼仪，在儒家经典《仪礼》和《礼记》中都有记载，将德行道艺优异者举荐到诸侯前，由乡大夫设酒宴以宾礼相待，体现了古时敬老尊贤、敦崇礼教的风尚，既能培养乡里祥和的气氛，又对治化民间风俗、维持社会秩序有助益。尽管这种乡饮酒礼在近代逐渐消逝，但在民间的重要节庆场合，仍然有"无酒不成席"的说法，酒仍发挥着重要的社会功能。

丰收酒也称"封镰酒"，是乡土社会最为隆重的饮食风俗。秋季收割完毕，将镰刀捆扎后上壁，农家以新米酿酒敬谢天地，各户设酒筵互邀饮宴，共祝丰收。中国是一个典型的农业国家，酒是生产力的象征，粮食生产的丰歉是酒业兴衰的晴雨表。一旦丰收，乡民便会以酒为媒，祭祀土神，集体欢庆。《说文解字》说："八月黍成，可为酎酒。"《诗经·丰年》说："丰年多黍多稌，亦有高廪，万亿及秭。为酒为醴，烝畀祖妣。以洽百礼，降福孔皆。"少数民族大多也有这样的风俗，如布依族、苗族会在丰年酿酒，到次年正月间，会邀请亲友到家欢庆丰年，喝酒唱歌，主客对唱，相邀来年再饮"丰收酒"。许多乡土酒的制作过程需要长时间的发酵和熟成，因而需要集体的努力和协作。人们可以一起参与酿造过程，分享经验和知识，从而在共同参与的过程中建立起深厚的友谊和信任。乡土酒文化不只是一种饮酒方式，更是一种表达情感和共同体认同的方式。

7.3.3.2 酒与人际交往

酒在隆重的场合，可以让气氛更热烈。酒在日常的人际交往中，也是一种拉近人际关系的重要工具。如咂酒是一些少数民族的饮酒习俗，流行于四川、云南、贵州、广西等地的彝、白、苗、羌、藏等民族之中。遇到节庆日或招待宾客时，会聚酒坛围坐，人手一根竹管、芦管斜插入酒坛，一边谈笑，一边从坛子中吸吮酒液。气氛热烈。

彝族有转转酒，宾朋不分生熟，席地而坐，围成圆圈，端着酒杯，依次而饮。杆杆酒则是彝族女子抱着酒坛，插上麦管或竹管，请过往行人喝。认为喝过的人越多，主人越光彩。共用酒具缺乏卫生保障，一些民族逐渐弃之不用，或者改良为将酒咂出，盛入杯、碗再饮用。火塘酒在有的民族是一种团结人群、凝聚人心的重要手段。老幼环坐，讨论的内容从农事安排到生活总结，无所不包。老人会用本民族的语言吟唱古老的歌谣，向后辈讲述本民族的历史、先祖事迹、英雄人物。少数民族独特的饮酒仪式，也体现了酒在人际交往中的媒介作用，体现了当地民族文化和浓厚的地域色彩。因为少数民族多聚族而居，饮酒的习俗也呈现出乡土特色，反映了各民族的伦理道德观念、社会结构、人际关系等。

7.3.3.3 酒与民俗节日

在乡村民间，各种庆祝活动和重要仪式，如婚礼、节日和宴会等，人们常以酒为媒介，表达祝福、友谊和庆祝的喜悦。在重要节日，如春节、元宵节、二月初一、寒食节、清明节、端午节、乞巧节、中秋节、重阳节，在一些与农耕相关的节气，如立春、立冬、冬至，以及一些重要的庆典，如寿诞、婚礼、葬礼等，都有相关的饮酒习俗。个别乡村还会有自己的特色节日，如龙舟节、火把节、黄酒节等，都是无酒不成席。在节日、庆典里，人们经常会以酒会友，举行大型的酒宴，同时举办丰富多彩的文艺表演和传统仪式。酒在节日中承载了人们的喜庆和激情，是人们展示友情和亲情的媒介；而节日则透露出人们对生活和家庭的留恋和向往。酒和节日相互滋养，共同营造出温馨和快乐的乡村氛围。

总之，酒的作用远不止于欢庆和聚会的场合，它还具有社交、商务和交流的功能。人们常常以酒席为契机，交流工作、生活和情感上的事情，增进友谊和信任。乡土酒文化也融入了一些公共活动和娱乐形式。例如，在我国的一些地方，人们会参与到舞狮、舞龙等民俗活动中，而乡土酒则是这些活动不可或缺的一部分，酒杯相传，增添了活动的热闹和欢乐气氛。酒文化不仅存在于乡村地区，也在城市中逐渐受到关注和推崇。通过各类乡土酒文化节、品鉴活动等，人们可以更好地了解和欣赏乡土酒的独特魅力，也为人际交往提供了一个新的切入点和话题。

小 结

本章介绍了中国饮食文化的发展历程，乡土饮食文化的特色与分类，分别阐释了乡土食文化、乡土饮文化的传统与特色，茶文化与酒文化的起源、发展，以及乡土饮食文化背后的地理空间与人文内涵，强调了乡土饮食文化在乡土形象建构、乡村文化复兴中的作用与价值。

思考题

1. 乡土饮食文化有哪些特色?
2. 乡土饮食文化包含哪些理念?
3. 乡土饮食文化承担了哪些社会功能?

推荐阅读书目

1. 中国饮食文化概论. 赵荣光. 北京高等教育出版社，2003.
2. 中国饮食史. 徐海荣. 华夏出版社，1999.

第8章 乡土文化时代性发展

传统优秀乡土文化是农耕文明的智慧结晶和历史遗存，传承和弘扬好乡土文化，需要与时俱进，激活文化要素，让乡土文化看得见、摸得着，有亮点，也有温度，激活文化记忆里的乡愁，让其重新焕发出生机和活力。

8.1 福建土楼环兴楼

乡土建筑是时代的符号，也是一种文化的积淀。福建土楼，因其大多数为福建客家人所建，又称客家土楼，它是客家人文化和情感沟通公共空间和承载，是客家文化的共同记忆。在加拿大魁北克举行的第32届世界遗产大会上，福建土楼列入《世界遗产名录》，但在振成楼等"六群四楼"46座世遗保护建筑之外，福建还有2万多座非"世遗"土楼，这些楼的保护级别没有那么高，年久失修，有的甚至面临倒塌的危险，环兴楼就是其中一栋未得到较好保护的土楼。如何保护传承土楼，给传统建筑注入新活力，弘扬其当代价值，环兴楼的华丽转身，给乡土建筑创造性转化创新性发展提供了样板。

8.1.1 环兴楼概况

福建永定客家土楼环兴楼，是一座有着500多年历史的土楼。环兴楼有着客家土楼建筑经典的圆弧造型，经历了战乱、地震、火烧等多次冲击，曾经有过几世同堂的繁荣鼎

图 8-1 改造前的环兴楼

图 8-2 改造后的环兴楼花窗

盛,但过去20年,随着居民的搬离,环兴楼因不在土楼保护区内而逐渐没落,成为一座年久失修、摇摇欲坠的危楼(图8-1)。

随着城市发展进程加快,在特殊的历史背景下,以抵御外敌为目的而建的环兴楼,如今已经不能满足现代人的居住需求。人口的增长让环兴楼里的居住空间越来越小,原本建有厨房、澡堂和饲养鸡鸭处的中庭后来也开始建为房屋。与此同时,按照客家传统的风土习俗,大部分的土楼内未建设厕所,生活十分不便利。

和现代建筑不一样,土楼需要人为保护和修缮才能存活。土楼的屋顶是瓦片,主结构是木头,瓦片很容易渗水,如果不及时维修和保护,就会破坏土楼的结构,甚至导致整栋楼的倒塌。

8.1.2 环兴楼创造性改造

永定区政府围绕土楼和客家文化做了一些新的尝试,如建文化展馆,以及开展旗袍秀等活动。永定文旅集团与腾讯文娱达成"腾讯互娱数字生态共建计划"战略合作,落地的第一个电竞数字文旅体验项目,围绕振成楼、振福楼和环兴楼三座客家土楼,策划了"三楼一线"系列文旅项目。环兴楼剧场的建设是整个项目的重中之重,也是各方花费精力最多的。以修旧如旧为方向,进行了环兴楼的修复工程,对环兴楼进行了整体的设计改造,将门窗从不透光的木板改成花窗(图8-2),让整个土楼的采光更好,显得更明亮,还给环兴楼安装了电梯。

改造后的环兴楼,增添了厚重的历史感和故事性。环兴楼的残垣得以保留,结合了"天涯明月刀"的国风意象和唯美氛围,在原来的残垣处搭建了月球灯(图8-3),改造成观景楼(图8-4)。

环兴楼的改造,让岌岌可危的乡土建筑遗产焕发新生,不仅为其注入了新的生命,更是保留了村民的儿时记忆(图8-5)。

图 8-3　月球灯

图 8-4　改造后的环兴楼残垣观景台

图 8-5　改造后的环兴楼外观

8.1.3　环兴楼创造性转化、创新性发展

（1）多元化沉浸式剧场激活传统场所

永定土楼"天涯明月刀"电竞数字文旅体验项目是以"天涯明月刀"国风电竞游戏为主题，结合客家文化和土楼建筑特色，加入电竞元素，布局沉浸式互动演出等业态，进行数字化文创内容创作，形成多元化沉浸式剧场体验项目。

环兴楼保留客家文化和土楼建筑特色记忆，有机融入"天涯明月刀"，开发沉浸式互动演出等业态。一楼改造成剧场，设有千机坊、万象门等游戏中的诸多经典场景，"天涯明月刀"沉浸式剧场的开发（图8-6）充分考虑了旅行场景的独特性和旅客的游玩需求。在演绎过程中充分展现客家文化的独特魅力。推开土楼那扇沉重的木门，就进入"天涯明月刀"的世界，可以体验中庭的议事堂的庄严，晚间的寿宴可品尝客家美食，欣赏歌舞、烟花、灯光秀等，还能跟随非玩家角色（NPC）进入土楼游园，观看别开生面的拍卖会，在充分还原游戏内建筑的同时，保留了客家文化与内涵，不仅是对土楼客家文化的尊重，也促使游客产生移情效果。

图8-6　"天涯明月刀"沉浸式剧场

（2）"天涯明月刀"引爆品牌热度

首先，线上定制多元内容，全方位引爆品牌热度。定制专属游戏剧情，吸引游戏用户关注。随着数字化浪潮与"互联网+"思维的兴起，文旅营销在推广层面也应更上一层楼。以"天涯明月刀"和永定土楼的合作为例，通过上线永定土楼相关的主题剧情，承载"衣冠南渡，不忘中原"的客家文化故事。

其次，制作特色歌曲，用音乐吸引大众关注。同时，以唐宋启蒙书《太公家训》为蓝本，分别以客家话与普通话献唱主题曲《天地吾乡》。通过线上的多元化内容，持续引爆用户的关注度。

最后，土楼+电竞+时尚+民宿等完美结合，提升游客体验感。将环兴楼2~4层开发为民宿（图8-7），融合乡村文化旅游的文创、商品销售，将游戏玩家从线上带入线下，实现线上、线下自由社交。

"天涯明月刀"与永定客家土楼联手为游戏玩家定制"客从何处来——天刀×永定客家土楼"专属出游线路，让游戏玩家可来此畅游永定，饱览土楼建筑及周边地理风光之美，并深入了解客家文化对中原国风的传承和发扬。

建筑、客家文化、民宿与电竞产业的结合，是对乡土建筑文化的全新探索，沉浸式剧场数字旅游提档升级，大大增强游客在游览过程中的参与性、互动性和趣味性，为游客提供多样化的旅游体验和服务。

第 8 章 乡土文化时代性发展

图 8-7 环兴楼度假民宿

乡土建筑环兴楼"土楼+电竞+沉浸式体验+度假民宿"的华丽转身，文化与科技融合，形成了一种全新的旅游业态，实现了文化创造性转化及创新性发展。

8.2 江西篁岭晒秋民俗文化

村落既是村民栖息的生活空间，也是民俗文化的起源地，而民俗文化承载着千百年来中华儿女的乡愁与情感记忆，包含着人们对"乡土"的审美认知。随着乡村文旅市场持续升温，乡村旅游受到高度重视，将民俗文化进行创造性转化，能够将民俗文化视觉化，丰富原有文化内涵，扩充其展示价值，促进乡村振兴发展。

8.2.1 晒秋农俗概况

晒秋农俗源自篁岭所处的山区地形地貌。篁岭村位于江西省上饶市婺源县的东北部，隶属于江湾镇，与安徽、浙江两省接壤，地处石耳山脉，面积约15km^2。村落四面环山，地势陡峭，村庄房屋建在一个陡坡上，房屋高低错落，呈半环状分布，属于典型的山居村落。受地形限制，村内可用的平坦地面稀少，村民只好利用房前屋后及自家窗台屋顶用竹篁架晒、挂晒农作物，久而久之就演变成一种晾晒农作物的农俗——晒秋。村民住宅2层或3层露台按需挑出不同长度的木头架用以晾晒当季收割的农副产品，巧妙地解决由于坡地建村所造成的无平坦场地晾晒农作物的问题。村民们在架子上摆满晾晒朝天椒、篁菊、玉米、稻谷、芸豆等农作物的晒匾，方便晒干贮存果蔬。因在相对陡峭狭窄的山岭间，大量徽式老宅高低错落，层层叠叠"向上生长"，带来极大的视觉冲击。色彩艳丽的农作物、斑驳的徽式老宅，在蓝天白云下很是壮观，蕴含丰收寓意，展示了一派素朴、饱满、艳丽、壮观的农村丰收晒秋景象（图8-8）。

图 8-8　篁岭村晒秋图景

8.2.2　晒秋文化创造性转化、创新性发展

（1）景观符号创造

一直以来，篁岭村民为顺应自然地形晾晒农作物，形成了独特的晒秋景观，吸引了大量游客前来观赏。景区开发后，晒秋成为一个专门化工作，有负责晒秋设计的管理人员、具体操作的晒秋工作人员，晒什么、什么时候晒，都有讲究。晒秋所用原材料，有时也要向周边村民购买。篁岭景区还发展出四季晒秋理念，春晒茶叶、蕨菜、水笋，夏晒茄子、南瓜、豆角，秋晒黄豆、稻谷、辣椒等，一年四季井然有序。

同时，村民运用丰富的想象力把五颜六色的农副产品拼贴成各种图案（图8-9），在吸引游客止步观赏的同时力争将篁岭晒秋打造成为"最美中国符号"，对历史元素进行了充分的传承与发扬。由此，晒秋成为一个丰收符号和文化景观，而不仅是一项农俗活动。

图 8-9　晒秋图案设计

图 8-10　景观小品塑造

（2）景观小品塑造

篁岭村民生产、生活的痕迹与具体的村落建设实践相互作用，共同构成独属于篁岭村的景观资源。景观小品的塑造能够直观生动地反映村落的生存历史与生活气息，游客可以直观感知。游客的具体感知过程如下：

首先，游客进入到游览序列的村口时，映入眼帘的是被保护下来的古樟树和放置于村口广场上象征丰收寓意的景观小品，从而能够初步感知到篁岭村晒秋农俗文化。

其次，游览期间，游客可随时在沿途近距离地观察村民日常晾晒的竹簟，农作物以景观小品的形式展现在游客面前，使游客能近距离地观察与欣赏村民收获的果实。

最后，在不同的打卡点会设置具有创新性的景观小品（图8-10），带来崭新的视觉冲击，提升对游客的吸引力。例如，在晒工坊内，辣椒串挂满屋顶，稍一抬头满目红火扑面而来，晒秋美景不再只是晒盘里的平铺直叙，而是变成了生动立体的晒秋。

（3）活动空间打造

篁岭村设置了多个晒秋场所，为创意活动提供空间，也将晒秋文化通过空间加以串联，加深游客对文化的印象。婺源篁岭景区在呈现传统晒秋农俗文化的同时，升级了"来篁岭晒个秋"的形式和表达，衍生了"篁岭来晒生活节"。而每年晒秋节，篁岭村都会举办各种活动，并分布于不同的活动空间上。在篁岭来晒小屋（图8-11）、晒秋主题工作坊、晒秋创意平台等活动空间，游客可以看晒秋、拍晒秋、悟晒秋，感受文化内涵，和村民们一起在田园采摘，在晒工坊切制，在晒匾中晒出自己的"图腾"，在古民居的回廊上体验"朝晒暮收"、晒台"话桑麻"的田园生活，体验竞"晒"的农家乐趣。

图 8-11　篁岭来晒小屋

8.3 浙江东浦黄酒文化

黄酒是世界三大古酒（黄酒、葡萄酒、啤酒）中最古老的酒。黄酒的历史悠久，从春秋时的《吕氏春秋》记载起，历史文献中"绍兴黄酒"屡有出现。从春秋"醪"酒的振奋士气、助越灭吴到现代充当国礼、荣膺国宴，绍兴黄酒闻名遐迩。那橙黄色的酒液里融入的是于越先民的智慧，沉积的是古越文明的精华。得天独厚的绍兴鉴湖水造就了绍兴黄酒的风味绝伦。

8.3.1 东浦黄酒文化概况

兰亭集会的曲水流觞及曹操青梅煮酒，用的均是黄酒。我国的半部文化史，大多是由黄酒催生出来的。每一段故事，都是一个文化IP，都能赋予其新的价值内涵。而绍兴东浦这个中国历史文化名镇，作为黄酒的发源地，素有"越酒行天下，东浦酒最佳"之说。黄酒有五魂——水、米、药、曲、器，共同成就了东浦黄酒的独特。"在黄酒，很中国"的黄酒小镇广告语在某种程度上暗合东浦人家千百年来手工酿酒的精神。说黄酒，也在说时间，这是属于中国人的叙事方式。

今日的绍兴，即古时的会稽郡、越州，称得上是中国历史最悠久的城市之一。它是浙东"唐诗之路"的精华地段，见证了许多"群贤毕至，少长咸集"的乐事，诗与酒的故事由此展开。李白、杜甫、白居易、孟浩然、贺知章、元稹等人，都在此留下了脍炙人口的名句。如"我欲因之梦吴越，一夜飞度镜湖月。湖月照我影，送我至剡溪"是李白的万里向往；"唯有门前镜湖水，春风不改旧时波"是贺知章的温暖回归；"越女天下白，镜湖五月凉"是杜甫的羡慕情怀；"时时引领望天末，何处青山是越中"是孟浩然的焦急寻找。

8.3.2 东浦黄酒文化创造性转化、创新性发展

8.3.2.1 黄酒+文化饮、游、购、娱、学体验

（1）黄酒文化四大主题游

从传统的老作坊、贮酒场所、古遗址到具有历史文化价值的黄酒生产经营、饮用等器具，从传统酿制技艺、制作工艺及其代表人物到黄酒文化的民俗、礼仪在这里都能得到全方位的极致体验。通过一粒米的旅程——酒的诞生，即黄酒的酿造过程，形成"酒之家""酒之人""酒之器""酒之料"四大主题之旅。

"酒之家"是指黄酒小镇会客厅以及小镇上大量的酒坊、酒铺。黄酒小镇会客厅以酒瓶口为灵感的设计理念，让黄酒会客厅成为绍兴的一个新地标，同时它具备日常休闲、商务接待、城市交流等功能，是了解绍兴城市文化的一个新窗口；酒坊、酒铺则能让游客了解八步酿酒法及非遗黄酒的酒史典故、酒俗文化（图8-12）。"酒之人"是指酒趣研学，寓教于乐，感受运河越地文化；"酒之器"是指黄酒小镇酒器展示馆，它

将黄酒酒器近万年的发展变迁历史——体现;"酒之料"是指临近黄酒小镇的稻田景观,精白糯米是酿造绍兴黄酒的主要原料之一,稻田景观作为黄酒小镇特色也为黄酒古镇增添一抹风光。全域沉浸式艺术展演馆则通过12个投影装置,将精心制作的视频投射到房间四面,让游客身临其境感受古镇的繁华历史,将人的思绪拉回到1600多年前,眼前尽是小镇酒仙集市人群摩肩接踵的景象。

图8-12 酒文化观览体验

(2)品味"酒+诗词"文化

通过诗词国学,探寻东浦历史风采。绍兴东浦以其人文景观丰富、水乡风光秀丽、风土人情吸引人而著称于世,自古即为游客向往的游览胜地。绍兴东浦历史悠久,名人辈出,景色秀丽,物产丰富,历代名人在这里留下了诸多经典诗句。因此,在东浦黄酒小镇内设有国学讲堂,随处可见写有诗句的路标、装饰等诗词装饰物(图8-13),用以发扬与传承绍兴文人传统,汇聚现代绍兴诗词爱好者。

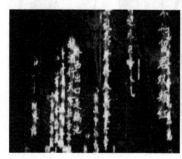

图8-13 诗词装饰物

(3)沉浸式探寻历史名人

运用在东浦古镇这片土地上发生的近代革命家徐锡麟的故事,形成有故事的东浦黄酒小镇。将徐锡麟故居打造成沉浸式历史展览类景点,让游客在游览时能切实感受到小镇的志士风流(图8-14)。

图 8-14　徐锡麟故居沉浸式游览

8.3.2.2　景观小品塑造

东浦黄酒小镇的景观小品塑造（图8-15）巧妙地运用诗酒元素，以黄酒酒器的形态为主；在酒器形态的小品中总会存在一些诗句的影子以打造诗酒文化小品；将江南水乡的意蕴融入导视，既有黄酒瓶的形态，又有诗的底蕴，呈现出诗酒共生的视觉效果。黄酒小镇的长街短巷中都弥漫着老酒的醇香，琳琅满目的黄酒衍生品，随处可见的黄酒元素，让身处古镇的游客可以尽情体验"诗酒趁年华"。

图 8-15　景观小品塑造

8.3.2.3　黄酒文创产品的打造

黄酒是绍兴的金名片，在东浦黄酒小镇，黄酒不只是餐前饭后饮用的酒品，它被赋予更多的形态和内容。不仅黄酒外包装（图8-16）的颜值高，能够吸引人的眼球，还开拓出系列文创产品——黄酒奶茶、黄酒棒冰、黄酒面膜、黄酒冰激凌、黄酒巧克力、黄酒曲奇、黄酒布丁、黄酒泡芙等十多种黄酒系列衍生产品。

黄酒小镇，以酒立镇，创新是永恒的主题。黄酒博物馆——展示着黄酒的历史、器

图 8-16　黄酒外包装

具、人物；黄酒学院——从一粒米到最后的酿造都能得到呈现，每年至少推出十多款黄酒新品；交流平台——借助发达的交通网络和互联网络，成为全世界黄酒集中的产品展示区、技术交流区、市场销售区。

8.4　武夷茶文化

茶，源于中国，传播于世界，居于世界三大饮料之首。茶不仅是一种饮品，更是一种文化象征。武夷茶历史悠久、资源丰富。数千年前，居住在武夷山的闽越人就已经开始利用茶叶了。武夷茶曾被称为"晚甘侯"，在经历了供祭、菜食、药用、煮茶等几个阶段，到了唐代发展成为饮品；宋代"斗茶"已成为纳贡选品和游艺项目；元代，在武夷山开辟了"御茶园"，设坊监制，武夷茶正式列为贡品；明清以来，武夷茶远销西欧和东南亚一些国家。范仲淹《和章岷从事斗茶歌》写道："溪边奇茗冠天下，武夷仙人自古栽。"将武夷茶夸成了仙茶；苏轼《叶嘉传》用拟人的手法来赞美武夷茶，并为其立传。

8.4.1　武夷山茶文化资源

武夷山独特的气候、土壤和生态环境共同构成了岩茶优越的生长环境，其气候温和湿润，四季分明，山中多沟谷坑涧，常年云雾缭绕，光照条件适宜。武夷茶与自然的深层融合吸引着古往今来文人墨客的关注，其自然环境在传统文化的映衬下"渐入佳境"，展现出得天独厚的自然环境及人文景观。

武夷山因茶闻名、以茶为魂，武夷山茶文化资源丰富，有中华武夷茶博园、武夷精舍、庞公吃茶处、摩崖茶诗、下梅古茶村、武夷岩茶大观园、天心永乐禅寺、武夷山茶博物馆、武夷山九曲溪竹筏码头、世界红茶发源地、遇林亭窑址、御茶园遗址等丰富的茶文化资源。

武夷山茶文化不仅有丰富物质文化资源，还有代代相传的非物质文化资源，如武夷茶艺、民间茶王赛、喊山祭茶仪式、武夷岩茶（大红袍）制作技艺等。

8.4.2 茶文化创造性转化、创新性发展

（1）下梅"景隆号"茶庄的开发

下梅古村（图8-17），是晋商万里茶路的起点。明末清初，下梅村是武夷岩茶生产和出口的重要集散区，晋商以下梅为起点横跨亚欧大陆，延伸至中亚和东欧等地区，开辟了辉煌的万里茶路。史籍记载，武夷山茶叶等货物流通，自下梅集运，过梅溪水路，汇入崇阳溪（九曲溪），经闽江下福州入海，运往广东，远销东南亚。

图8-17 下梅古村

"景隆号"茶庄借助历史优势和文化优势，融合自然风貌和人文遗迹，创造出具有地方特色的夜间景观，打造出人文气息浓厚的夜景氛围，并通过打造特色夜宴活动来宣传茶文化，如评茶、选茶、购茶、品茶、猜茶、揭彩，体验清代茶馆品茶，古法制作茶饼体验。

（2）中华武夷茶博园

为铭记先民们的丰功伟绩，加深游客对武夷茶的了解，九曲溪畔兴建了一座融于山水之中的茶文化大观园——中华武夷茶博园，力求奉献给游客一部立体的画卷、形象的史诗。

茶博园总体分为景观园区、地下广场、山水实景演出观赏区、茶博馆和游人服务中心五个部分。在这面积约7.8万m^2的园区里，集中展示了武夷茶悠久的历史、神奇的传说、精深的工艺；以"浓缩武夷茶史，展示岩韵风姿"为设计主题，通过历代名人的记叙、历史画面的再现、茶艺的互动表演，让游客领略到武夷茶深厚的文化底蕴和诱人的岩骨花香。

茶魂广场平面呈叶片形，边缘用暗红色花岗岩镶嵌，寓意大红袍的"三红七绿"。广场前端茶树状屏风有著名辞赋家雪川所作的《大红袍赋》，屹立于后部的是"武夷三圣"（神农、彭祖、武夷君）。两侧环立的是历代与武夷茶有着不解之缘的14位名人（唐代的陆羽、孙樵、徐夤；宋代的范仲淹、苏轼、朱熹、白玉蟾；元代的高兴、杜本；明

代的陈铎、释超全；清代的董天工；近现代的连横、吴觉农等）。广场中部，蜿蜒如龙的"九曲溪"在静静地流淌，溪边星罗棋布地排列着象征武夷山三十六峰的景石，两侧地面刻着"千载儒释道，万古山水茶"的联句和朱熹的九曲棹歌。这一切都体现了"武夷山水一壶茶"的深远意境。

岩茶史话园区分为"远古的记忆""汉晋遗存""盛唐佳话""两宋风采""元代御茶园""明代散茶""清代乌龙茶""民国茶业科研基地""当代武夷茶的新崛起"九个片区。选取与武夷茶文化密切相关的历史人物、历史事件、文献和诗词歌赋，以浓缩、特写、实景陈列的手法，集中展示武夷茶悠久的历史、博大的文化、精深的工艺。

从远古的记忆到"汉晋遗存"，蕴含着茶乡古老的历史；"晚甘侯""蜡面茶"传颂着盛唐佳话；斗茶、分茶展示了两宋风采；御茶园、喊山台记录着元明时期的亮点；乌龙茶在清代崛起，大红袍在现代闪光。一部岩茶的史话，凝聚着武夷茶文化的精髓，激荡着岩韵的风姿。

大红袍广场是一个面积约5000m^2、可容纳3000人的广场，主席台可容180人就座。广场中部长约45m的流水地刻上刻有"茶史大事记"，从这里可以清楚地看到中华茶文化的发展脉络。广场地面用红色花岗岩镶嵌的"大红袍"三字、"岩骨花香"四字，突出了以大红袍为代表的武夷茶的主要特点。

武夷茶在汉唐的悄然入宫加之宋时作为建茶的重要组成部分充贡，使之名声日显，元代统治者便将其正式纳为贡茶。监制贡茶的官吏在九曲溪四曲南畔兴建了皇家御茶园，专门制作贡茶。还配置了"通仙井""喊山台"，为茶文化的创新发展作出了贡献。

（3）《印象大红袍》表演

《印象大红袍》（图8-18）山水实景演出，打破了固有的"白天登山观景、九曲泛舟漂流"的传统旅游方式与审美方式，不仅展示了夜色中的武夷山之美，同时还创造了多个世界第一。

作为全世界唯一展示中国茶文化的大型山水实景演出，"实景"是其中最长的一个演出环节，也是《印象大红袍》表演最大的看点。长达70分钟的演出在完全开放的"山水"

图8-18 《印象大红袍》表演

间进行，堪称世界上第一座"山水环景剧场"。

剧场的表演区域由环绕在旋转观众席周围的仿古民居表演区、高地表演区、沙洲地表演区和河道表演区等共同组成。仿古民居表演区借鉴了武夷山下梅古民居的建筑元素，使得演出现场更像是有着1988个座位的巨型茶馆。

《印象大红袍》表演把武夷山的自然环境和灯光舞台融为一体，以艺术的形式展示出了茶史、各个制茶工艺，达到了借茶说山、说文化、说生活的效果。

小 结

本章介绍了福建土楼环兴楼、江西篁岭晒秋农俗文化、浙江东浦黄酒文化及武夷茶文化创造性转化、创新性发展，突出传统乡土文化在时代的发展，强调了乡村文化振兴的作用与价值，积极进行乡土文化创造性转化、创新性发展的探索及实践。

思考题

1. 试谈自己喜欢的文化创造性转化、创新性发展案例，以及从中得到的启发。
2. 试列举乡土文化在人居环境规划设计中的具体运用。

推荐阅读书目

1. 乡村文化与新农村建设. 李小云，赵旭东，叶敬忠. 社会科学文献出版社，2008.
2. 乡土中国与文化研究. 薛毅. 上海书店出版社，2008.

参考文献

艾莲，2010. 乡土文化：内涵与价值——传统文化在乡村论略[J]. 中华文化论坛（3）：160-165.

陈顺和，李巧兰，2019. 嵩口在地创意行动式：一种从台湾到福建聚落活化的持续创新策略[J]. 装饰，319（11）：92-95.

范少言，1994. 乡村聚落空间结构的演变机制[J]. 西北大学学报（自然科学版）（4）：298-304.

湖南省住房和城乡建设厅，2017. 湖南传统村落（第1卷）[M]. 北京：中国建筑工业出版社.

贺霞旭，2020. 乡村社区营造的理论与实务[M]. 广州：华南理工大学出版社.

罗家德，梁肖月，2017. 社区营造的理论、流程与案例[M]. 北京：社会科学文献出版社.

刘沛林，2014. 家园的景观与基因：传统聚落景观基因图谱的深层解读[M]. 北京：商务印书馆.

刘扬，2023. 湖南博物院藏湘西苗族服饰刺绣纹样的文化内涵及当代价值[J]. 中国民族美术（1）：106-111.

李泽厚，2009. 美的历程[M]. 北京：生活·读书·新知三联书店.

陆元鼎，2003. 中国民居建筑[M]. 广州：华南理工大学出版社.

商业部教育司教材处，北京商学院商业经济系，1982. 商业经济教学参考资料[M]. 北京：中国商业出版社.

唐兴荣，2017. 论文创农产品包装设计中乡土价值的构建——以台湾"掌声谷粒"产品包装设计为例[J]. 中国包装，37（4）：26-30.

吴良镛，2014. 中国人居史[M]. 北京：中国建筑工业出版社.

吴忠军，周密，2020. 桂滇黔民族地区乡村旅游与农民增收研究[M]. 北京：企业管理出版社.

张岱年，方克立，2004. 中国文化概论[M]. 北京：北京师范大学出版社.

中共福州市委宣传部，永泰县人民政府，2018. 嵩口模式[M]. 福州：福建人民出版社.

钟敬文，2010. 民俗学概论[M]. 2版. 北京：高等教育出版社.

参考文献